Osterfee
und Amazone

Brigitte Bartha-Pichler Martin Frei Bernd Kajtna Markus Zuber

Osterfee und Amazone

Vergessene Beerensorten – neu entdeckt

pro specie rara

ARCHE NOAH

Bibliografische Information Der Deutschen Bibliothek
Die Deutsche Bibliothek verzeichnet diese Publikation in der Deutschen Nationalbibliografie; detaillierte bibliografische Daten sind im Internet über http://dnb.ddb.de abrufbar.

Dieses Buch erscheint in Kooperation des AT Verlags, Baden und München, mit loewenzahn in der Studienverlag Ges.m.b.H., Innsbruck.
Alleinvertrieb für Deutschland und Österreich: loewenzahn, Innsbruck.

Lektorat: Barbara Imgrund, Heidelberg
Gestaltung, Satz und Lithos: Markus Zuber
Druck und Bindearbeiten: Appl, Wemding
Gedruckt auf umweltfreundlichem, chlor- und säurefrei gebleichtem Papier
Printed in Germany

Ausgabe AT Verlag:
ISBN 3-03800-256-9
ISBN 978-3-03800-256-7
www.at-verlag.ch

Ausgabe loewenzahn:
ISBN 3-7066-2348-X
ISBN 978-3-7066-2348-3
www.loewenzahn.at

Inhalt

Vorwort ... 6

Die Erdbeere: Die süsse Versuchung ... 10
Volksname und Volksglaube ... 10
Die Kulturgeschichte der Erdbeere ... 10
Botanik und Verwandtschaft ... 24
Das unvergleichliche Erdbeeraroma ... 27
Tipps für den Hausgarten ... 28
Sortenporträts ... 31

Die Himbeere: Königin der Beeren ... 52
Volksname und Volksglaube ... 52
Die Kulturgeschichte der Himbeere ... 52
Botanik und Verwandtschaft ... 57
Tipps für den Hausgarten ... 59
Sortenporträts ... 63

Die Brombeere: Die wilde Heilerin ... 78
Volksname und Volksglaube ... 78
Die Kulturgeschichte der Brombeere ... 78
Botanik und Verwandtschaft ... 81
Tipps für den Hausgarten ... 83
Sortenporträts ... 85

Die Johannisbeere: Das süsssaure Vergnügen ... 92
Volksname und Volksglaube ... 92
Die Kulturgeschichte der Johannisbeere ... 93
Botanik und Verwandtschaft ... 98
Tipps für den Hausgarten ... 99
Sortenporträts ... 102

Die Stachelbeere: Ein englisches Erbe ... 120
Volksname und Volksglaube ... 120
Die Kulturgeschichte der Stachelbeere ... 121
Botanik und Verwandtschaft ... 125
Tipps für den Hausgarten ... 126
Sortenporträts ... 130

Beerenstark: Die kleinen Beeren haben's in sich ... 142
Inhaltsstoffe und Gesundheit ... 142
Verwertung und Rezepte ... 147

Anhang ... 154
Literatur ... 154
Bezugsquellen ... 156
Index ... 157

Vorwort

Wenn es der Apfel war, der zum Verlust des Paradieses führte, so ist es das Beerenobst, das uns einen Teil des Garten Eden wiedererstehen lässt.

Sie sind saftig, süss und sinnlich, erfreuen sich immer grösserer Beliebtheit und sind dennoch in ihrer Vielfalt bedroht – Beeren. Nachdem unsere Bücher über traditionelle Gemüse- und Apfelsorten *(Haferwurzel und Feuerbohne* und *Rosenapfel und Goldparmäne)* auf grosses Interesse gestossen sind, stellen wir nun diese kleinen, aber feinen Gartenfrüchte in den Mittelpunkt des Interesses.

Ihre Bedeutung hat in den letzten Jahrzehnten zugenommen, nicht zuletzt weil sie Genuss und Gesundheit versprechen – zwei Werte, die im Wellnesstrend liegen. Obwohl Beerenobst erst seit relativ kurzer Zeit in Gärten angepflanzt wird, ist es heute ein typischer Bestandteil jedes Hausgartens. Wir beschränken uns in diesem Buch auf jene Beerenarten, die schon seit einer gewissen Zeit bei uns als «Kulturpflanzen» Tradition haben und daher bereits in einer Vielfalt von Kultursorten bestehen: Erdbeeren, Himbeeren, Brombeeren, Johannisbeeren und Stachelbeeren. Heidelbeeren, Preiselbeeren, Holunder, Moltebeeren und andere werden hier nicht behandelt, ebenso wenig die Weinbeere (Rebe), die eine völlig andere, eigene Geschichte hat, welche ein eigenes Buch füllen könnte.

Seit nunmehr sechs Jahren machen sich die beiden Nichtregierungsorganisationen Arche Noah (Österreich) und ProSpecieRara (Schweiz) daran, die Vielfalt der Beeren zu sammeln und zu beschreiben und ihre Sammlungen in speziellen Schaugärten der Öffentlichkeit zu präsentieren, um dieses kostbare Kulturgut auch zukünftigen Generationen verfügbar zu machen. Die beiden Betreuer der Sammlungen, Martin Frei (Schweiz) und Bernd Kajtna (Österreich), konnten sich in dieser Aufbauphase viel Erfahrungswissen aneignen. Die Aufgabe von Brigitte Bartha-Pichler war es unter anderem, das Wissen der beiden Experten sowie Informationen aus der Literatur für ein breites und interessiertes Publikum aufzubereiten. Für das Layout und die Fotografien zeichnet ein weiteres Mal Markus Zuber verantwortlich. Ihnen allen sei an dieser Stelle herzlich für ihren grossen Einsatz gedankt.

Zurzeit befinden sich in den beiden Sammlungen über 700 Sammlungsstücke («Akzessionen») von Beeren, wobei von etwa 400 Herkünften die Sortennamen bekannt sind. Bei den restlichen Herkünften handelt es sich um Namenlose, deren Sortenbestimmung noch im Gang ist. Die meisten davon stammen aus Privatgärten, und viele von ihnen wurden in der Schweiz im Rahmen des nationalen Beereninventars gesammelt, das im Zuge des Nationalen Aktionsplanes zur Erhaltung der Vielfalt in der Landwirtschaft (NAP-8) durch das Bundesamt für Landwirtschaft finanziert wurde. Die Realisation dieses Buches von Schweizer Seite sowie die Errichtung und den Unterhalt der Schaugärten in Riehen (Basel-Stadt/Schweiz) verdanken wir Dr. Daniela Schlettwein-Gsell (Basel) und der Margarethe- und Rudolf-Gsell-Stiftung (Riehen). Auf österreichischer Seite wurde das Buch im Rahmen des Projekts «Beerenobst-Naschgarten» durch EU/LEADER + Kamptal gefördert und kofinanziert durch ECO PLUS.

Wenn man von der grossen Anzahl der Beeren in den erwähnten Sammlungen liest, kann man kaum glauben, dass die Vielfalt der Beeren bedroht ist. Doch der Schein trügt. Das Schweizerische Beerensorteninventar zeigte es deutlich: Von den in der Schweizer

Literatur um 1870 genannten Beerensorten sind heute 62 % aller Himbeeren, 60 % aller Brombeeren, 78 % aller Stachelbeeren, 81 % aller Johannisbeeren und lediglich 40 % aller Erdbeeren in europäischen institutionellen Sammlungen abgesichert. Nicht so schlimm, könnte man meinen. Aber der langfristige Erhalt ist in diesen Sammlungen allein keineswegs gesichert, denn im Zuge von Sparmassnahmen können solche Sammlungen rasch aufgelöst werden. Länderübergreifende Erhaltungsbemühungen sind nach wie vor die Ausnahme. Ein Grossteil der Sorten wird europaweit nur in einer einzigen Institution erhalten (z. B. bei Erdbeeren 45 % der 1000 Sorten nur an einer einzigen Stelle!). Die Sortennamen sind nur in wenigen Fällen verifiziert, und Sortenverwechslungen gehören zur Tagesordnung. Die Synonymie (gleiche Sorte – unterschiedlicher Name) ist keineswegs geklärt, und die wissenschaftliche Betreuung ist vielerorts aus Geldmangel unzureichend.

Wieso kam es zu einem derart alarmierenden Sortenverlust? Die Ansprüche an die Beerensorten veränderten sich, je mehr sich die Beeren von der Selbstversorgerfrucht zur Handelsware wandelten. Transportfähigkeit, Gleichförmigkeit, gutes Aussehen und «Shelf-Life» (lang andauernd gutes Aussehen im Regal) sind heute genauso gefordert wie Spitzenerträge. Der gute Geschmack blieb dabei leider teilweise auf der Strecke. Zu guter Letzt muss der Kunde essen, was auf den Regalen angeboten wird. Im Hausgarten bereiten heute noch manch alte Beerensorten mit aussergewöhnlichem Aroma Freude – Sorten, die sich am grossen Markt schon lange nicht mehr behaupten können. Der biologische Beerenanbau und neu auftretende Krankheiten sowie veränderte Konsumgewohnheiten und Erntemethoden stellen immer neue Anforderungen an die Beerenzüchtung. Alte Sorten können dafür wertvolles Ausgangsmaterial sein.

Um die genetische Vielfalt von Beerenobst zu bewahren, sind innovative Ideen gefragt. Sonst werden einige Sorten samt ihrer wertvollen Eigenschaften für immer verschwinden. Wie viele Kinder wissen heute schon nicht mehr, wie eine wirklich aromatische Erdbeere schmeckt, weil sie nur wässrige Erdbeeren kennen, die zwar wunderschön aussehen, aber völlig geschmacklos sind? Um spezielle Sorten von einst wieder verfügbar zu machen, bieten Arche Noah und ProSpecieRara beispielsweise über ihre Sortenkataloge spezielle Beerensorten an und verkaufen Stecklinge und Erdbeersetzlinge an ihren Pflanzenmärkten (weitere Informationen zu den Veranstaltungen der beiden Organisationen finden Sie unter *www.psrara.org* und *www.arche-noah.at*). Der Schweizer Grossverteiler Coop beispielsweise unterstützt die Erdbeerzüchtung für die biologische Produktion und bietet in seinen Gartencentern neuerdings unter dem Label ProSpecieRara einige Beerenraritäten an.

Dieses Buch, die Schaugärten und die Märkte dienen in erster Linie dem Kampf gegen das Vergessen. Sobald Sie, liebe Leserin, lieber Leser, von der Vielfalt angesteckt werden und Lust bekommen, die eine oder andere Sorte zu erwerben und in Ihrem Garten oder auf Ihrem Balkon auszupflanzen, haben wir viel gewonnen, und die Vielfalt der Beerensorten und des Geschmacks kehrt vielleicht auf unsere Teller zurück.

Arche Noah und ProSpecieRara wünschen Ihnen viel Vergnügen bei der Lektüre.

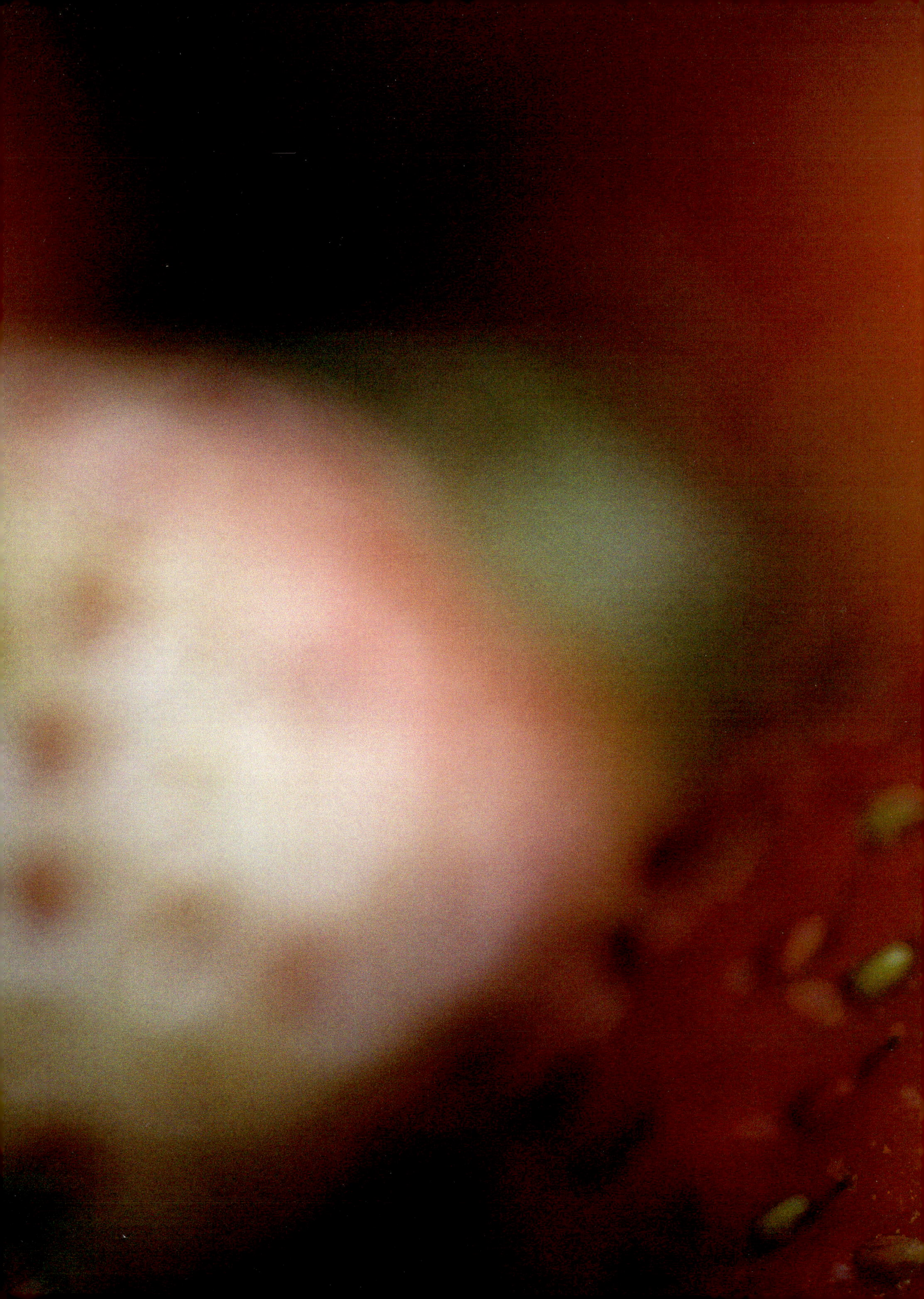

Die Erdbeere

Die süsse Versuchung

Volksname und Volksglaube

Die römischen Autoren Vergil (70–19 v. Chr.), Ovid (43 v. Chr.–17/18 n. Chr.) und Plinius der Ältere (23/24–79 n. Chr.) nannten die Erdbeere *frega* oder *fregum*. Die Herleitung dieses lateinischen Namens ist bisher nicht befriedigend geglückt. Einige Autoren führen den Namen Fragaria auf das lateinische Wort *fragare* («duften») zurück, diese These ist aber nicht unumstritten. Erstmals wurde die Erdbeere von Matthäus Silvatius 1330 als *fragaria* bezeichnet, Linné teilte der Walderdbeere den Namen *Fragaria vesca* zu, nachdem bereits Bauhin im 16. Jahrhundert die Pflanze als *Fragaria vulgaris* bezeichnet hatte. Auch der Artname *vesca* lässt verschiedene Deutungen zu. Während die einen auf «essbar» *(versusa)* tippen, denken die anderen mit Bezug auf die kleine Frucht, von der man nicht satt wird, an «zehrend» *(vescus)*.

Der deutsche Name «Erdbeere» ist germanischen Ursprungs. Im Althochdeutsch lautete er *erdberi* (im Schweizerdeutsch erhalten), auf Mittelhochdeutsch *ertber*. Der Name deutet auf die Stellung der Beere nahe an der Erde hin (im Gegensatz zu den auf Sträuchern wachsenden Beeren wie Himbeere oder Johannisbeere). Entsprechend den verschiedenen Dialektgruppen leiten sich viele Mundartformen davon ab, die sich teilweise auch auf bestimmte Arten von Erdbeeren beziehen.

Die Kulturgeschichte der Erdbeere

Der süssen Verlockung der Erdbeere kann kaum jemand widerstehen. Gesundheit, Sinnlichkeit und Lebenskraft sind die Begriffe, die mit der Erdbeere assoziiert werden. Die Erdbeere, das erste heimische Obst im Jahr, ist neben dem Apfel die beliebteste Frucht unserer Zeit. Schon seit der Jungsteinzeit begleitet sie den Menschen.

Von der Antike bis ins Mittelalter

Wer heute von der Erdbeere spricht, denkt meist an die grossfrüchtige Ananaserdbeere *(Fragaria* x *ananassa)*, die auch Gartenerdbeere genannt wird. Diese ist aber erst im 18. Jahrhundert entstanden. Die Geschichte der Erdbeerkultur in Europa beginnt bei zwei anderen, ursprünglicheren Arten, die beide in unserem Gebiet heimisch sind: der Walderdbeere *(Fragaria vesca)* und der Moschuserdbeere *(Fragaria moschata)*. Weltweit betrachtet sind die ältesten Erdbeerkulturen vermutlich die Kulturen der Chilierdbeere *(Fragaria chiloënsis)*, die zwischen den Kordilleren und dem Pazifik heimisch ist. Sie wurden schon vor mehr als 2000 Jahren an der Westküste von Südamerika im Gebiet des heutigen Chile angebaut.

Rote Walderdbeere

Die Walderdbeere wurde bereits in der Jungsteinzeit gern gegessen, was durch zahlreiche Funde belegt ist. Vermutlich wurde sie damals wild gesammelt – höchstwahrscheinlich blieb das für lange Zeit die einzige Nutzungsform. Die römischen Geschichtsschreiber berichten von einer Frucht Namens *fregum*, die bei Ovid und Vergil zusammen mit anderen Wildobstarten wie Schlehe, Kornelkirsche und Brombeeren erwähnt wird. Plinius reiht sie ebenso unter die Wildobstarten ein und nicht unter die Kulturpflanzen. Als Speise schätzten die Römer die Erdbeere sehr, wie zum Beispiel die Erwähnung von Erdbeeren als Brautgeschenk des Riesen Polyphem an Galatea in einem Gedicht von Ovid zeigt: «Mit deinen eigenen Händen sollst du die weichen Erdbeeren nehmen, die im Schatten des Waldes gedeihen ...»

Der römische Senator Cato (234–149 v. Chr.) soll Erdbeeren in Wein eingelegt oder mit Salz und Gewürzen allen Delikatessen vorgezogen haben. Angeblich liess er sie auch auf seinen grossen Ländereien anbauen. In den römischen Schriften über die Landwirtschaft wird aber die Erdbeere fregum weder von Cato noch anderen wichtigen Autoren (Theophrast, Varro, Columnella) erwähnt, und auch beim Griechen Hippokrates fehlt sie. Dies alles deutet sehr stark darauf hin, dass Erdbeeren in der Antike zwar gern gesammelt, aber nicht angebaut wurden.

Bei den Germanen galten Erdbeeren als Symbol für Sinnesfreuden, sie waren der Fruchtbarkeitsgöttin Freya geweiht. Die christliche Ikonographie deutete die Erdbeere zur Frucht des Geistes um; so steht sie etwa auf Heiligenbildchen für Demut und Bescheidenheit. In der mittelalterlichen Mystik soll das Dreiblatt der Erdbeere eine Erinnerung an die Dreifaltigkeit gewesen sein: die blutrote, zur Erde geneigte Frucht ein Sinnbild der Blutstropfen Christi, die Fünfzahl der Blütenblätter Andenken an die fünf Wundmale Christi.

Im heute deutschsprachigen Gebiet wurden Erdbeeren vermutlich bis ins Mittelalter nur gesammelt; Hildegard von Bingen erwähnt zwar die Erdbeere als Nahrungsmittel (dem sie prinzipiell misstraute), berichtet aber nichts über ihren Anbau. Erdbeeren galten im Mittelalter auch als Sinnbild des Lasters und der Wolllust – vielleicht war dies der Grund, weshalb Hildegard, die heilkundige Nonne aus dem 11. Jahrhundert, ihren Genuss nicht empfahl. Sie stützte ihre vermeintliche ungesunde Wirkung unter anderem mit dem Argument, dass die Erdbeere in der Nähe der Erde, also in «fauliger Luft», gedeihe. Der bedeutende niederländische Maler Hieronymus Bosch (um 1450–1516), der an der Wende vom Mittelalter zur Neuzeit lebte, stellte diesen Zusammenhang eindrucksvoll auf seinem bekannten Werk «Der Garten der Lüste» dar. Darauf verwandeln sich Menschen, die Erdbeeren essen, in Ungeheuer, die die Untugenden symbolisieren. Möglicherweise liegt es unter anderem an dieser negativen Betrachtung, dass Erdbeeren zunächst nur in Frankreich und England und erst relativ spät im deutschsprachigen Gebiet en gros gehandelt wurden.

Die erste bekannte Erwähnung des Anbaus von Walderdbeeren *(Fragaria vesca)* findet sich in französischen Gartenbüchern aus dem 13. Jahrhundert. Im Norden Frankreichs wurden im Hospital von Saint-Jean-en-l'Estrée d'Arras bereits 1324 im grossen Massstab Erdbeeren kultiviert und sowohl die Blätter als auch die Früchte bei der Krankenheilung eingesetzt. Aufzeichnungen berichten, dass fürs Unkrautjäten in den Erdbeerpflanzungen des Hospitals 26 Tagelöhne und in derselben Saison nochmals 18 Tagelöhne aufgebracht wurden. Das spricht für eine relativ grosse Erdbeerpflanzung im Garten des Hospitals, in dem man Heilkräuter und Medizinalpflanzen zog.

Auch am französischen Hof erfreuten sich Erdbeeren bereits sehr früh grosser Beliebtheit: Im königlichen Garten des Louvre liess Charles V. 1368 über 1200 Erdbeerpflanzen anpflanzen – vermutlich nicht in erster Linie zu therapeutischen Zwecken, sondern für den kulinarischen Genuss. Das Ausmass dieser Erdbeerkulturen lässt vermuten, dass man für ihre Anlage auch eine eigene Jungpflanzenanzucht betrieb und nicht alle Pflanzen direkt aus dem Wald holte.

Der Garten der Herzogin von Burgund, Margarethe von Flandern, in Rouvres (nahe Dijon) war ebenfalls bereits im 14. Jahrhundert berühmt für seine Erdbeeren. Sie wurden bereits teilweise unter Glas getrieben, damit sie vor den wilden Erdbeeren reifen konnten. Ein Teil der Produktion wurde auf den umliegenden lokalen Märkten verkauft. Im Laufe der Zeit wurde Frankreich – vor allem in der Umgebung von Paris – ein wichtiger Erdbeerproduzent und blieb dies auch für lange Zeit. Doch England, insbesondere London, stand seinem Konkurrenten nicht lange nach. Möglicherweise wurden bereits in der normannischen Zeit auch in England Erdbeeren gepflanzt, wie eine Liste aus dem 13. Jahrhundert vermuten lässt, die das normannische Wort für die Erdbeere, *streberie*, zusammen mit anderen kultivierten Früchten nennt.

Die Indische Scheinerdbeere ist ungeniessbar

Die Renaissance

Die Renaissance brachte nicht nur die Wiedergeburt der Kunst und Kultur, sondern auch einen Aufschwung in den Naturwissenschaften und den angewandten Wissenschaften Landwirtschaft und Obstbau. Gleichzeitig gewann der Handel von landwirtschaftlichen Produkten und Früchten auf den Märkten an Bedeutung. Der Adel setzte alles daran, die Landwirtschaft zu modernisieren und die Entdeckungen und Erkenntnisse der Naturwissenschaft nutzbringend umzusetzen.

Die «Hausvaterbücher» aus dem 16. Jahrhundert, die in Frankreich, Deutschland, Italien und England herausgegeben wurden, fassten das praktische Wissen über die Pflanzen und deren Anbau, Nutzen und Verwendung zusammen und trugen zu ihrer Verbreitung bei. Ein Beispiel ist das von Charles Estienne 1570 verfasste Werk *L'Agriculture et Maison Rustique*. Es enthält eine kurze praktische Anleitung zum Erdbeeranbau, die das häufige Düngen, die Bearbeitung des Bodens, das Giessen der Pflanzen und das Entfernen der Ranken empfiehlt, um grössere Früchte zu erreichen.

In zahlreichen Kräuterbüchern bzw. Herbarien beschrieben Botaniker der Renaissance wilde und kultivierte Pflanzen, zunächst nach dem Vorbild der antiken Werke, und stellten die Pflanzen bildlich dar. Viele Inhalte und Illustrationen wurden kopiert, sodass sie sich, teilweise ergänzt, in den verschiedenen Werken der Renaissance immer wiederfinden. Otto Brunfels (1489–1534) war der Erste, der eine naturgetreue Abbildung der Pflanzen in seinem *Contrafayt Kreutterbuch* von 1532 umsetzte und damit einen wichtigen Grundstein der Botanik legte.

Doch die Kräuterbücher der Renaissance dienten nicht nur der Darstellung der Pflanzen, sondern auch der Erläuterung ihrer Wirkung auf Körper und Seele. Denn Pflanzen waren nicht nur Obst oder Gemüse, sie galten gleichzeitig als Medizin. So waren viele Botaniker und Ärzte von der Erdbeere und ihrer Heilkraft überzeugt. 1543 heisst es im *New Kreutterbuch* von Leonhard Fuchs: «Die Erdbeeren löschen den Durst und sind gut für einen cholerischen Magen. Zerriebenes Erdbeerkraut heilt die Wunden. Ein Sud aus Erdbeerkraut festigt das Zahnfleisch, heilt die Mundfäule und vertreibt schlechten Geschmack im Mund. Der Saft aus den Blättern heilt Geschwüre, wenn man sie damit auswäscht.»

In Frankreich schätzte man die Erdbeere auch als Schönheitsmittel, bereitete aus frisch gepresstem Erdbeersaft, vermischt mit Zitronensaft, Hautumschläge und verwendete Erdbeertinkturen. Als Dessert genoss man Erdbeeren zu jener Zeit gern mit Zucker und Wein, mit Zucker und Rahm oder mit Salz und Gewürzen.

Die ersten Erdbeersorten: Monats- und Moschuserdbeeren

Augustinermönche aus Bargemont kultivierten schon früh heimische wilde Erdbeeren. Unter ihrer Obhut entwickelten sich Sorten mit (für Walderdbeeren) relativ grossen Früchten, die zweimal trugen, rot- oder weissfrüchtig waren, Ausläufer bildeten und wegen ihres guten Geschmacks gerühmt wurden. Unter dem Namen 'Fraisier de Bargemont' oder 'Fraise majaufe de Provence' wurden sie noch bis ins 18. Jahrhundert in ganz Europa gehandelt. 'Fraisier de Bargemont' ist eine Vorläuferin der «immertragenden» Erdbeeren, die sich ab 1550 in der Literatur finden. Heute nimmt man an, dass es sich bei dieser Erdbeere um eine Auslese der Art *Fragaria* x *hagenbachiana* handelt, einer Kreuzung zwischen Hügelerdbeere *(Fragaria viridis)* und Walderdbeere *(Fragaria vesca)*.

M. Fougeroux de Bondaroi fand immerblühende Erdbeeren um 1764 in Mont-Cenis. Um 1800 waren sie um Paris bereits weit verbreitet; man gab ihnen den Beinamen *semperflorens* (immer blühend), weil sie die ganze Saison hindurch Blüten und Früchte bilden. Um 1821 war in Frankreich eine ausläuferlose Monatserdbeere unter dem Namen 'Gaillon Rouge' und eine weissfrüchtige Variante unter dem Namen 'Gaillon Blanc' bekannt; beide werden als Ausgangssorten der heute verbreiteten Monatserdbeeren angesehen.

In einigen deutschen Werken aus dem 16. Jahrhundert finden sich auch Abbildungen einer anderen Erdbeerart *(Fragaria moschata)* unter der Bezeichnung 'Haarbeer' und 'Capiton' (Belgien). Als Erdbeere der dritten Art *(tertium fragariae genus)* erschien die farbig illustrierte Abbildung einer Moschuserdbeere 1556 im *Kreütterbuch* des Hieronymus Bock (1498–1554) unter dem Namen 'Haarbeer' mit deutlich sichtbarer, abstehender Behaarung der Blüten- und Blattstiele. Der Schweizer Botaniker Conrad Gesner erwähnte in seinem Werk *Horti Germaniae* (1560) ebenfalls die 'Haarbeer'.

Bis ins 17. Jahrhundert hinein wurden Moschuserdbeere *(Fragaria moschata)* und Walderdbeere *(Fragaria vesca)* in der Literatur noch nicht einheitlich benannt. Es kursierten viele verschiedene botanische Namen für *Fragaria moschata*: zum Beispiel *Fraga serotina*, *Fragaria hispidis foliis*, *Fragaria minor seu nigra*, *Fraga III*, *Fraga candida* oder *Fraga altera*. Die 'Haarbeer' (Moschuserdbeere) erfreute sich bis ins 19. Jahrhundert wegen ihres hervorragenden Geschmacks grosser Beliebtheit.

Die Sorte 'Capiton' *(Fragaria moschata)* wurde von Matthias L'Obel 1576 als Kultursorte beschrieben, die nicht wild vorkommt. Sie wurde wegen ihrer blassen Frucht auch *Fragaria maiora alba* genannt und vermutlich Mitte des 16. Jahrhunderts ursprünglich von den Wallonen in Belgien kultiviert und später von L'Obel oder anderen protestantischen Flüchtlingen nach England eingeführt. Rembert Dodoens, ein flämischer Physiker und Gartenliebhaber, beschrieb in seinem ersten *Cruydeboeck* 1563 eine Illustration, die er offenbar einem früheren Werk von Leonhart Fuchs (1543) entnommen hatte: «Diese Früchte der Engländer und Belgier sind doppelt so gross wie normale, nicht von blutroter Farbe, sondern blass grüngelb bis weiss.»

In den englischen Glashauskulturen und Treibhäusern war sie so erfolgreich, dass sie bald die «Erdbeere von England» oder die «Glashaus-Erdbeere» genannt wurde. Rund um London entwickelte sich ein auf die Erdbeersorte 'Capiton' spezialisierter Anbau. Die ursprüngliche weisse 'Capiton' wurde bald von einer aussen rot gefärbten 'Capiton' abgelöst, die vermutlich in Böhmen gefunden und von dort aus Ende des 16. Jahrhunderts in ganz Europa verteilt wurde.

'Capiton' erfreute sich auch in Deutschland grosser Beliebtheit, wo sie als «Gartenerdbeere» bei Arm und Reich gepflanzt wurde. Dies war der Ursprung der «Hautbois-Erdbeeren» *(Fragaria moschata)* des 18. Jahrhunderts mit ihrem unverwechselbaren Muskataroma. Der Name kommt von einer Verballhornung des französischen *haut bois*, das sich auf die hochgestellten Blüten bzw. Früchte der Moschuserdbeeren bezieht. Der Anbau der Moschuserdbeere erforderte einen erfahrenen Gärtner, denn wegen ihrer Zweihäusigkeit hielt man viele Moschuserdbeeren bei falscher Kulturführung für unfruchtbar.

Eine weitere historische Erdbeerart, die heute nicht mehr kultiviert wird, wurde 'Brösling', im Volksmund auch «Knackelbeere» und «Knickbeere» genannt. Bei dieser

Erdbeere handelt es sich weder um eine Wald- noch um eine Moschuserdbeere, sondern um eine Hügelerdbeere *(Fragaria viridis)*. Sie wurde wohl erstmals von Gesner im *hortus* («Garten») von Oberbaden in der Schweiz und von Thal als Erdbeere aus dem Harzgebirge beschrieben: «Die Blätter sind klein, dunkel gefärbt, die Frucht ist gross mit wenig Samen, süss, weiss, nur an der Sonnenseite rot. Sie macht ein knackendes Geräusch, wenn sie gepflückt wird und wird daher gewöhnlich «Knackelbeere» und «Pressling» genannt. Sie ist heimisch auf rauen Plätzen und offenen Hügeln.» Thal übertreibt etwas bezüglich Grösse und Süsse, denn die Hügelerdbeere ist in beiden Punkten sehr bescheiden. Im 17. Jahrhundert wurde diese Erdbeerart häufig in Gärten Mitteleuropas angebaut, verschwand aber bis ins 20. Jahrhundert weitgehend aus den Gärten. In England wurde diese Erdbeere unter dem Namen 'Green Strawberry' dagegen noch relativ lange angebaut.

Wilde Moschuserdbeere an einem alten Bahnbord

Professionalisierung des Anbaus

Der Erdbeeranbau in Deutschland erreichte im 16. Jahrhundert bereits einen hohen Grad an Professionalität, wie die Anleitung im Werk *Rei Rusticae Libri Quatuor* (1571) von Conrad Heresbach zeigt, das auch in englischer Übersetzung weite Verbreitung fand. In London waren Erdbeeren schon im 15. Jahrhundert auf dem Markt erhältlich. William Shakespeare erwähnt in seinem Drama Richard III. (1592) Erdbeeren im Garten des Bischofs von Ely. Der reale Bischof von Ely lebte rund hundert Jahre früher; Shakespeare bezieht sich also vermutlich auf die höfischen Renaissancegärten seiner Zeit, in denen die Erdbeere einen festen Platz gefunden hatte. In England wurde im 16. Jahrhundert auch schon eine bedeutende Erdbeerproduktion für die grossen Märkte rund um London betrieben. Auch im landwirtschaftlichen Ratgeber von Thomas Tusser, *Five Hundred Points of Good Husbandry* (1557), wird die häufig übliche Kultur von Walderdbeeren beschrieben, mit Pflanzen, die man zuvor aus dem Wald ausgegraben hatte. In diesem Werk empfiehlt er auch, die Erdbeeren unter Stachelbeeren, Himbeeren oder Rosen zu setzen.

Ein zeitgenössischer Besucher aus Italien, Giacomo Castelvetri, berichtete 1614 von ausgedehnten Erdbeerfeldern rund um London, auf denen zweimal im Jahr geerntet wurde: Mitte Juni und im Oktober. Der französische Botaniker Jean de La Quintinie, der auch für den Garten von Versailles verantwortlich war, stellte um 1697 detaillierte Studien über den Erdbeeranbau an und setzte mit seinem Werk *Instruction pour les Jardins Fruitiers et Potagers* einen Meilenstein in der Anleitung zur professionellen Erdbeerkultur.

Neue Erdbeerarten erobern Europa

Mit der Besiedelung des nordamerikanischen Kontinents im 16. und 17. Jahrhundert ging ein reger Austausch an Pflanzen und Rohstoffen aller Art einher, der viele neue und unbekannte Arten nach Europa brachte.

Besonders der Adel jener Entdeckerzeit war interessiert an Neuem und Unbekanntem. Unbekannte Pflanzen aus der Neuen wie der Alten Welt wurden in den botanischen Schloss- und Hofgärten der Renaissance zur Schau gestellt. Es wurde gesammelt, experimentiert, international ausgetauscht, beobachtet und geprüft, was sich für den landwirtschaftlichen Anbau eigne. Denn der botanische Garten der Renaissance und der Barockfürsten war nicht zuletzt auch ein bedeutendes Statussymbol.

Die Scharlacherdbeere – Pflanzen der nordamerikanischen Scharlacherdbeere *(Fragaria virginiana)* fanden so Ende des 16. Jahrhunderts ihren Weg über den Atlantik nach Frankreich, Brüssel und England und von dort in die botanischen Gärten der europäischen Fürsten. Die Scharlacherdbeere ist doppelt so gross wie die damals bekannte heimische Wald- und Moschuserdbeere, wohlschmeckend und aussen leuchtend rot gefärbt. Sie ist extrem anpassungsfähig und kann Frost und hohe Temperaturen gut ertragen, braucht aber ausreichend Wasser.

Jacques Cartier aus der Bretagne war vermutlich der Erste, der um 1535 Samen oder Pflanzen der Scharlacherdbeere von Kanada nach Europa brachte. Jean Robin, Botaniker unter Heinrich IV., pflanzte sie um 1570 in seinem Medizinalgarten in Paris an, der unter Ludwig XIII. zum Königlichen Medizinalkräutergarten und unter Ludwig XIV. zum *Hortus Regius Parisiensis* (heute Jardin des Plantes) ausgebaut wurde. 1636 wurden in diesem Garten zwei Scharlacherdbeeren angebaut und unter dem Namen *Fragaria americana fructu rubro* und *Fragaria americana magno fructu rubro* auf der Pflanzliste vermerkt.

1585 führte Thomas Hariot, der naturwissenschaftliche Begleiter einer englischen Expedition nach Virginia, von dort eine weitere Gruppe von Scharlacherdbeeren ein. Er hatte auf den Westindischen Inseln vor der Küste von Virginia die Erdbeeren entdeckt, die er so kommentierte: «Erdbeeren, so gut und gross wie diejenigen, welche wir in unseren englischen Gärten haben.» In ihrem Ursprungsgebiet wurde die Scharlacherdbeere vermutlich nicht kultiviert. Roger Williams aber, Gründer der Kolonie Rhode Island, beschreibt 1643 den Anbau von Scharlacherdbeeren im grossen Stil durch die indigene Bevölkerung Amerikas, die unter anderem Erdbeerbrot daraus mache.

So wurden langkegelige Fruchttypen der Scharlacherdbeere (von Pierre-Antoine Poiteau 1828 *Fragaria américaine écarlate* genannt) vom Sankt-Lorenz-Strom in Französisch-Kanada und rundliche Fruchttypen aus Virginia (von Poiteau *Fragaria virginiana* genannt) im englischen Siedlungsgebiet etwa zeitgleich und wiederholte Male eingeführt. Kein Wunder, dass diese neue Erdbeere rasch Aufmerksamkeit erregte und die besonders früh reifenden, weichen, süsssäuerlichen, aromatisch duftenden Scharlacherdbeeren bald in den botanischen Gärten in ganz Europa zu finden waren.

Die Maikönigin ist eine Scharlacherdbeere – die orange Färbung ist sortentypisch

Bereits 1650 waren in Europa neun verschiedene Typen der Scharlacherdbeere bekannt. Die Art *Fragaria virginiana*, die in grossen Teilen Nordamerikas heimisch ist, ist sehr variabel in Bezug auf Blatt und Fruchteigenschaften, ausserdem ist auch die Scharlacherdbeere häufig zweihäusig. So erstaunt es nicht, dass die Scharlacherdbeere unterschiedlich beurteilt und beschrieben wurde und sich mit der Zeit bessere Sorten aus Sämlingen entwickelten. 1672 beschrieb Robert Morison eine wohlschmeckende und reich tragende, durchgehend rot gefärbte Scharlacherdbeersorte unter dem Namen *Fragaria virginiana fructu coccineo*, die als 'Scarlet Strawberry' Englands beliebteste Erdbeersorte bis ins 18. Jahrhundert blieb. Später, im 19. Jahrhundert, wurde die Bezeichnung 'Scarlet' zum Inbegriff für besonders hochwertige, intensiv rot gefärbte Scharlacherdbeeren: zum Beispiel 'Oblong Scarlet', 'Grove End Scarlet', 'Knight's Large Scarlet', 'Duke of Kent's Scarlet' etc. Um 1820 waren 26 Erdbeersorten der Art *Fragaria virginiana* in Europa, vorwiegend in England, im Umlauf.

Die Chilierdbeere – Eine zweite Erdbeerart, die Chilierdbeere *(Fragaria chiloënsis)*, die ihren Ursprung an der Westküste des südamerikanischen Kontinents hat, wurde 1590 von José de Acosta, einem spanischen Priester und Historiker, als kultivierte Pflanze in den Gärten von Peru beschrieben. In ihrer Heimat, dem heutigen Chile, wurde die Chilierdbeere schon damals seit über tausend Jahren von der indigenen Bevölkerung kultiviert.

Im Dienste von Ludwig XIV. kartierte Amédée François Frézier 1712 die Küste von Chile und Peru, um das französische Militär mit allen nötigen Informationen zu versorgen, falls es zu einem Krieg zwischen Frankreich und Spanien käme. Bei seinen Beobachtungen von Land und Leuten stiess er auf die grossfrüchtige Erdbeere, die von den Einheimischen seit Jahrhunderten kultiviert und *quelghen* genannt wurde. Er nahm 1714 einige Pflanzen der Chilierdbeere *(Fragaria chiloënsis)* nach Frankreich mit und übergab eines der fünf Exemplare, die die Reise überstanden hatten, Antoine de Jussieu, dem Direktor des Königlichen Botanischen Gartens in Paris *(Jardin des Plantes)*. Frézier beschrieb die Pflanze 1717 samt Illustration wie folgt:

> *'Fraise du Chili' oder 'Fruteller' ist die grosse Erdbeere aus Chile ... Sie bepflanzen ganze Felder mit einer Art von Erdbeerstauden, die sich von den unseren unterscheiden durch ihre runderen, dickeren und flaumig behaarten Blätter. Die Frucht ist im Allgemeinen so gross wie eine Wallnuss, manchmal so gross wie das Ei einer Henne, von blassem Rot und etwas weniger geschmackvoll als unsere Walderdbeeren ...*

Auch diese neue Erdbeerart verbreitete sich rasch in den botanischen Gärten Europas. Unglücklicherweise stellte sich heraus, dass die Pflanze in ihrer neuen Heimat selten fruchtete, da die Blüte meist nicht zwittrig, sondern rein weiblich war. Einige Pflanzen brachten nicht einmal Blüten hervor. Die seltenen Früchte waren gross, aber durch die ungenügende Befruchtung häufig unregelmässig in der Form. Dazu kamen die schwache, wenig ansprechende Fruchtfarbe und der Geschmack, welcher abschätzig mit Kartoffeln verglichen wurde. Ausserdem waren die damals verbreiteten Typen der Chilierdbeere an den meisten Orten nicht winterhart und konnten auf dem Festland nur auf den Küstenstrichen bei Brest und in Südfrankreich angebaut werden. Vielerorts war auch Winterschutz mit Tannenreisig, Laub etc. nötig. Im Unterschied zur Scharlacherdbeere war die Chilierdbeere daher in England als Obstlieferant unpopulär, weshalb nur wenige Sorten in den Anbau gelangten.

Dennoch liess Antoine Nicolas Duchesne sie in Versailles anpflanzen, und auch der Herzog von Württemberg kultivierte in Hohenheim einen Typ der Chilierdbeere unter dem Namen 'Riesenerdbeere' ohne Schwierigkeiten bei der Befruchtung, wie Johann Kerner (1786–1796) berichtete. Vermutlich war die 'Riesenerdbeere' ein zwittriger Sämling der Chilierdbeere. Duchesne hatte bereits 1766 in seinem Werk *Histoire Naturelle des Fraisiers* darauf hingewiesen, dass fruchtbare Typen der Chilierdbeere gelegentlich unter den Sämlingen der nicht vollkommen fruchtbaren Mutterpflanze auftauchen. Jean Filassier beschrieb 1791, wie die Chilierdbeere mithilfe von Pollenträgern befruchtet werden kann.

Eine zwittrige Selektion der Chilierdbeere mit dem Namen 'Red Chili' wurde zwischen 1800 und 1850 in Neuengland angebaut und versorgte die Märkte von New York. Ausserdem gedieh sie um 1859 auch in der Umgebung von Santa Cruz und San Francisco. Heute wird die Chilierdbeere in Südamerika nur noch vereinzelt in abgelegenen Bergdörfern angebaut, so zum Beispiel in der kleinen Gemeinde Puren mitten in Chile: Hier

werden an steilen Hängen in Kombination mit Holzwirtschaft weisse oder leicht orangerosa getönte, rundliche Formen der Chilierdbeere ohne Einsatz von Düngemitteln und Bewässerung auf kargem Boden kultiviert. Diese Pflanzen ertragen Trockenheit sehr gut, reagieren aber empfindlich auf Hitze und Kälte. Die Früchte schmecken ausgezeichnet und werden von Ende November bis Mitte Januar geerntet. Erste Bemühungen, diese ursprüngliche Art im Anbau zu erhalten, setzten ein, nachdem sie fast vollständig verschwunden war.

Eine besondere Form der Chilierdbeere *(Fragaria chiloënsis lucida)* mit glänzenden Blättern und zwittriger Blüte

Die Ananas- oder Gartenerdbeere – Zwischen 1714 und 1759 setzten bretonische Erdbeerzüchter eine neue Züchtung der grossfrüchtigen Chilierdbeere mit dem Namen 'Fraize de Plougastel' zunächst neben ihre Kulturen der zweihäusigen Scharlacherdbeere, Monatserdbeere und Moschuserdbeere und später im Verhältnis 6:1 in die Reihen. So konnten die Scharlacherdbeeren für die Befruchtung der neuen Chilierdbeere sorgen. Sämlinge wurden sowohl zufällig als auch absichtlich kultiviert und ersetzten mit der Zeit die anderen Erdbeerarten als Befruchter, was auch wegen der späteren Blüte von Vorteil war. Für den Export verwendete man aber nach wie vor hauptsächlich reine Chilierdbeeren, da diese am transportfähigsten waren.

Mit dieser Anbaumethode hatten die Bretonen so viel Erfolg, dass sie 1750 in der Hochsaison täglich 20 Schiffe im Hafen von Brest mit Erdbeeren beladen konnten. Hundert Jahre lang sollte Brest die Märkte von London und Paris mit Erdbeeren versorgen, die laut Duhamel du Monceau eine achttägige Schifffahrt überstehen konnten. Mit der Zeit wurden neue Sorten unter dem Namen 'Plougastel' gezüchtet, die aus einer Kreuzung der ursprünglichen 'Plougastel' (einer reinen Chilierdbeere) mit Scharlacherdbeeren entstanden waren (z. B. 'Chili de Plougastel' von Denis Graindorge). 1857 wurden in Brest 500 Aren Chilierdbeeren angebaut, 2500 Aren in der ganzen Bretagne.

So kam es vermutlich beinahe zufällig und nebenbei in der Gegend von Brest um 1750 zur bedeutendsten Kreuzung in der Geschichte der Erdbeerzüchtung: Die Ananaserdbeere oder Gartenerdbeere wurde als Hybrid zweier amerikanischer Erdbeersorten in Europa «geboren». Duchesne beschrieb die Früchte der Ananaserdbeere in seinem Werk *Histoire Naturelle des Fraisiers* 1766 als Hybride der Chilierdbeere und der Scharlacherdbeere und berichtete über die in Brest übliche Praxis der Befruchtung. Der Geruch der Früchte erinnerte Duchesne an eine reife Ananas, weshalb er die Bezeichnung *Fragaria* x *ananassa* wählte – daher rührt der in Ostösterreich übliche Name «Ananas» für die Gartenerdbeere. Im selben Werk referierte Duchesne auch über die Methoden der Erdbeerkulturen jener Zeit: zum Beispiel die Vermehrung in Vermehrungsquartieren, das Abschneiden der alten Blätter, nachdem die Tochterpflanzen separiert wurden, die Lagerung der Jungpflanzen über Winter im Kühlen und andere auch heute noch übliche Methoden in der Kulturführung.

Über Holland und England gelangten um 1751 auch Pflanzen der neuen Erdbeerart (*Fragaria* x *ananassa*) nach Deutschland – und zwar in die Hofgärten von Georg II., Kurfürst von Hannover, König von Grossbritannien und Irland, Freund und Förderer der Naturwissenschaften und Gründer der Universität Göttingen. Die Ananaserdbeeren wurden als botanische Rarität in den Anlagen der Orangerie und im Küchengarten in Hannover-Herrenhausen, dem heutigen Berggarten, angebaut. Es sollte aber noch weitere 100 Jahre dauern, bis die Ananaserdbeeren im Erwerbsobstbau in Deutschland endlich ihren Platz fanden. In der Zwischenzeit widmeten sich die Engländer intensiv der Verbesserung der Erdbeere und entwickelten die ersten Sorten, die später auch im deutschsprachigen Raum den Grundstein für den professionellen Erdbeeranbau legten. Jenseits des Atlantiks entwickelten die Amerikaner den Erwerbsanbau von Erdbeeren mit eigenen Sorten weiter.

Verdrängung von Wald- und Moschuserdbeere – Walderdbeeren und Monatserdbeeren (*Fragaria vesca*) wurden im 19. Jahrhundert parallel zur Ananaserdbeere gehandelt. Sie wurden teilweise gesammelt, teilweise kultiviert. Um 1890 beschrieben zeitgenössische Obstbaubücher noch 26 verschiedene Sorten von Monatserdbeeren, die man häufig anbaute. Bis ins 20. Jahrhundert wurden die wild gewachsenen Walderdbeeren zu günstigeren Preisen als die Ananaserdbeeren gehandelt, wie ein Marktbericht über den Wiener Obstmarkt 1893 belegt. Die Arbeitskraft war billig, meist wurden die Walderdbeeren von Kindern gesammelt und anschliessend auf lokalen Märkten oder von Tür zu Tür verkauft. Die Natur besorgte den Rest.

Die duftende aromatische Moschuserdbeere, die doppelt so gross wie die Walderdbeere ist, war bis Ende des 19. Jahrhunderts in ganz Europa im Anbau zu finden. Zahlreiche Sorten waren bekannt; eine österreichische Gartenbauzeitschrift von 1882 empfahl drei Sorten der Moschuserdbeere zum Anbau. In Russland wurde die Moschuserdbeere noch bis 1930 als Ackerfrucht angebaut, dann wurde sie auch dort von der ertragreicheren Ananaserdbeere verdrängt. Gründe dafür sind der geringe Ertrag, die aufwändige Kulturführung wegen der häufigen Zweihäusigkeit, die mangelnde Transportfähigkeit, fehlende Lagerfähigkeit und die schwierige Pflücke wegen der kleinen Früchte. In Frankreich wird die zwittrige Sorte 'Capron Royal' immer noch von einigen wenigen Gärtnereien für Hausgärtner angeboten.

Bei uns jedoch ist die Moschuserdbeere als Kulturpflanze nahezu verschwunden. In Italien, im Gebiet um Tortona im Piemont, wird eine Moschuserdbeere mit dem Namen 'Profumata di Tortona' noch kultiviert. Die Gemeinde von Tortona fördert den Anbau dieser

gefährdeten Kulturpflanze in jüngster Zeit wieder und rief Initiativen zu ihrer Vermarktung ins Leben. Auch Feinschmecker haben den kulinarischen Wert der Moschuserdbeere erkannt und reisen im Mai ins Piemont, um die duftenden Beeren zu geniessen.

Unregelmässige Fruchtformen sind typisch für alte Ananaserdbeeren

Die Wiesenerdbeere – Das 20. Jahrhundert brachte noch eine neue Erdbeerart hervor: die Wiesenerdbeere *(Fragaria* x *vescana)*. Sie wurde 1967 am Max-Planck-Institut für Züchtungsforschung in Köln als Kreuzungsprodukt zwischen der Gartenerdbeere *(Fragaria* x *ananassa)* und der Walderdbeere *(Fragaria vesca)* gezüchtet und unter dem Sortennamen 'Spadeka' in den Handel gebracht (die ursprüngliche deutsche Bezeichnung Vescana-Erdbeere, ein Kunstwort aus den botanischen Bezeichnungen vesca und ananassa, wurde durch den weniger technischen Begriff «Wiesenerdbeere» ersetzt). Beide Elternarten der Wiesenerdbeere sind in der Natur nicht kreuzungsfähig; die Kreuzung wurde mithilfe moderner Techniken herbeigeführt.

Die Wiesenerdbeere vereint die inneren Eigenschaften der Walderdbeere – wie Duft und Aroma, saftiges, lockeres und weiches Fruchtfleisch – mit Eigenschaften der Gartenerdbeere. Sie bildet das ganze Jahr über viele Ausläufer, sodass sie innerhalb kurzer Zeit einen geschlossenen Bestand ähnlich einer Wiese bildet. Daher auch der Name Wiesenerdbeere.

Ursprünglich hatte man die Absicht, mit dieser neuen Kulturform der «Erdbeerwiese» ein voll mechanisiertes Anbau- und Ernteverfahren zu entwickeln. Am Markt und bei den Produzenten setzte sich aber diese Sorte und die damit verbundene Idee nicht durch: Denn die Früchte sind eher weich und nicht transportfähig, und in der Erwerbskultur ist eine mechanische Unkrautbekämpfung anfangs nicht möglich.

Die Erdbeere heute

Erdbeeren reifen nicht nach (anders als z. B. Äpfel oder Bananen); zwischen Ernte und Verbrauch dürfen nur drei Tage liegen. Durch Bestrahlung kann die Haltbarkeit allerdings um zehn Tage verlängert werden. Erdbeeren werden heute von den Subtropen bis zum Polarkreis angebaut. Der Erwerbsanbau von Erdbeeren wurde im 20. Jahrhundert auch in Europa immer wichtiger: Unter allen Beerenobstarten ist die Erdbeere heute diejenige mit der grössten wirtschaftlichen Bedeutung. Im Handel gehören Erdbeeren zu den «Bestsellern» im Sortiment, allerdings nur in der Saison. Über 2 Kilogramm Erdbeeren werden jährlich pro Jahr und Kopf in Deutschland, Österreich und der Schweiz genossen (2,3 Kilogramm in Deutschland, 2 Kilogramm in der Schweiz, 2,4 Kilogramm in Österreich). Die Nachfrage ist immer noch steigend.

Heute ist weltweit gesehen die USA der wichtigste Erdbeerproduzent, gefolgt von Spanien und Russland. In Europa führen Spanien und Russland vor Italien und Deutschland. Daneben sind auch Frankreich, Belgien und die Niederlande wichtige Erdbeerproduzenten. In der Schweiz wurden 2005 über 8000 Tonnen geerntet, in Österreich über 16 000 Tonnen, in Deutschland über 131 000 Tonnen.

Mit der Zeit wurden immer transportfähigere und ertragreichere Sorten gezüchtet und die Anbaumethoden weiter professionalisiert. Der Hektarertrag der Erdbeere wurde seit Beginn der Erdbeerkultur sowohl durch die Kulturführung als auch durch die Sortenwahl um ein Vielfaches gesteigert. Während «Hochertragssorten» in Deutschland 1936 einen Ertrag von 5,3 Tonnen pro Hektare brachten, wurden die Erträge auf den (vermutlich weltweit intensivsten) Erdbeerkulturen in Kalifornien in den letzten Jahren auf rund 60 Tonnen pro Hektare (!) gesteigert. In den Intensivkulturen Spaniens wird heute ein Durchschnittsertrag von 23,8 Tonnen pro Hektare erreicht. In Österreich produziert man durchschnittlich über 12 Tonnen pro Hektare im intensiven Erdbeeranbau. Im Schweizer Bioanbau rechnete das Forschungsinstitut für biologischen Anbau 1996 ebenfalls mit einem Ertrag von 12 Tonnen pro Hektare.

Im modernen Erwerbsanbau werden fast ausschliesslich einjährige Kulturen geführt, die im Sommer gepflanzt und nach der Ernte im Folgejahr entfernt werden. Diese Kulturform bringt einerseits weniger Schädlinge und Krankheiten, andererseits grössere Früchte, da der Fruchtansatz im ersten Jahr geringer ist. Dies erleichtert auch die Erntearbeit. «Verfrühung» und «Verspätung» in der Erdbeerproduktion sind gefragt, um die Saison der Erdbeeren zu verlängern und so den Gesamtabsatz an Erdbeeren zu erhöhen. Die Preise sind zur Hauptsaison am niedrigsten, sodass sich der Zusatzaufwand dafür auch heute lohnt.

Neben dem Anbau im Berggebiet ist eine «Verspätung» mithilfe von Frigosetzlingen möglich. Frigosetzlinge werden bis in den Frühsommer in Gefrierräumen gelagert und dann satzweise ausgepflanzt. Zwar steht der Einzelpflanzenertrag deutlich tiefer als derjenige der im Vorjahr gepflanzten Kulturen, aber bereits acht Wochen später, also im Spätsommer, kann geerntet werden. Flachabdeckungen in Form von Vlies oder Lochfolie, verschiebbare Folientunnels sowie der Anbau unter Dach sind die gängigen Methoden zur «Verfrühung» der Ernte. Zur Vorbeugung gegen Wurzelkrankheiten werden die Erdbeeren im Erwerbsanbau vermehrt auf Erddämme gepflanzt, die mit schwarzer oder weisser Plastikfolie gedeckt sind. Diese Kulturform verringert auch den Aufwand an Jätarbeit. Erdbeeren werden gewöhnlich im Fruchtwechsel mit Feld- oder Gemüsekulturen angebaut.

Erdbeerenvielfalt auf dem Teller

Bedeutende Erdbeeranbaugebiete Deutschlands liegen in Baden-Württemberg mit seinen sonnigen Lagen und fruchtbaren Böden, weiter in Nordrhein-Westfalen, Niedersachsen, verschiedenen Regionen in Bayern, Hessen, der Pfalz, Schleswig-Holstein, Brandenburg (wo die Erträge im Freiland jedoch grossen Schwankungen unterliegen, weil die manchmal allzu kalten Nächte oft zu Schädigungen am Fruchtansatz führen), Sachsen, Sachsen-Anhalt, Mecklenburg und Thüringen. In der Schweiz sind der Kanton Thurgau, das Schweizer Mittelland und das Wallis führend im Erdbeeranbau. Auch in Höhenlagen auf 1500 Meter über dem Meer stehen in der Schweiz noch erfolgreich Erdbeeren im Erwerbsanbau. Durch die dicken Schneedecken geschützt, überstehen die Erdbeeren die tiefen Temperaturen im Winter und bringen durch den späteren Erntetermin eine Verlängerung der Erdbeersaison. Seit Anfang der 1980er-Jahre wird die Produktion der Schweizer Erdbeeren bewusst besser gestaffelt, einerseits durch Verfrühung, andererseits durch Verspätung mittels Anbau in Höhenlagen. In Österreich werden Erdbeeren in den Obstbaugebieten Oberösterreichs, Niederösterreichs, der Steiermark und im Burgenland kultiviert. In den gebirgigen westlichen Bundesländern werden Erdbeeren nur in geringem Umfang in Tallagen angebaut.

Die Anforderungen an Erdbeeren im Erwerbsobstbau sind heute Härte (Transportfähigkeit), regelmässige mittelgrosse Fruchtform, ausgeprägte Rotfärbung und vor allem hohe Erträge. Zu den wichtigsten Sorten gehören heute 'Honeoye', 'Elsanta', 'Lambada', 'Elvira', 'Senga Sengana' und 'Dulcita'. Die Frage nach dem Aroma steht leider (noch) nicht an vorderster Stelle. Heute dominiert dementsprechend die sehr aromaschwache Sorte 'Elsanta' den Handel, mit 80 bis 90 % Marktanteil, obwohl sie in Geschmackstests regelmässig im unteren Drittel abschneidet und sehr anfällig für Wurzel- und Rhizomkrankheiten ist.

Doch es gibt bereits Zeichen zur Trendumkehr: Der Geschmacksnerv der Konsumenten meldet sich endlich, und aromatische Sorten werden wieder stärker nachgefragt. Der Markt reagiert (noch) zögerlich, aber der erfreute Erdbeereinkäufer kann auch hie und da eine aromatische Sorte erstehen (wenn es auch Glücksache bleibt, da die Sortennamen der Erdbeeren in der Regel nicht einmal dem Konsumenten bekannt gegeben werden). Auch für den Privatgarten steigt die Nachfrage nach einer anderen Kategorie von Erdbeeren; die weichen, saftigen und aromatischen Früchte finden hier wiederum Anklang, auch mit ungewöhnlichen und unregelmässigen Formen. Alte stark aromatische Sorten wie die österreichische Züchtung 'Jubilae', die deutsche 'Mieze Schindler' oder die Schweizer Züchtung 'Wädenswil 6', bei denen grosser Wert auf Aroma gelegt wurde, können hier eine zweite Chance bekommen.

Botanik und Verwandtschaft

Besonderheiten

Die Erdbeere ist eine Rosettenpflanze und gehört zur grossen Familie der Rosengewächse (Rosaceae), zu der unter anderen auch die wichtige Beerengattung Rubus mit der Himbeere und Brombeere zählt.

Heute sind, je nach systematischer Einteilung, weltweit 23 bis 40 Arten der Gattung Erdbeere *(Fragaria)* bekannt, die in der nördlichen gemässigten Zone, im Himalaja und in Mittel- und Südamerika vorkommen. Drei davon, die bekannte Walderdbeere *(Fragaria vesca)*, die hoch aromatische Moschuserdbeere *(Fragaria moschata)* und die Hügelerdbeere *(Fragaria viridis)*, wachsen als Wildpflanzen in Mitteleuropa. Die Moschuserdbeere ist grösser als die Walderdbeere, konisch geformt, hat eingesenkte Samen und ist nur auf der Sonnenseite rot überlaufen, sonst blass.

Vier Arten wurden in verschiedenen Erdteilen als Sammel- und Gartenfrucht genutzt: die Walderdbeere bzw. Monatserdbeere *(Fragaria vesca)*, Moschuserdbeere *(Fragaria moschata)*, Scharlacherdbeere *(Fragaria virginiana)* und Chilierdbeere *(Fragaria chiloënsis)*. Die Walderdbeere und die Moschuserdbeere sind europäischen Ursprungs, während die Scharlacherdbeere in Nordamerika und die Chilierdbeere in Südamerika heimisch ist. Bis auf wenige Überlappungsgebiete in British Columbia, Oregon, Washington und Nordkalifornien kommen diese beiden Erdbeerarten nicht nebeneinander vor. Dort sind auch natürlich vorkommende Hybride, also natürliche Ananaserdbeeren, zu finden. Erstaunlicherweise erkannte aber niemand ihren Wert, und so wurden sie nicht in Kultur genommen. In Europa entstand durch Kreuzung der beiden Arten die Ananaserdbeere oder Gartenerdbeere *(Fragaria* × *ananassa)*. Aus der Kreuzung der Gartenerdbeere mit der Walderdbeere ging im 20. Jahrhundert wiederum die Wiesenerdbeere oder Vescana-Erdbeere *(Fragaria* × *vescana)* hervor. Ein Vergleich der Merkmale findet sich in der nachstehenden Tabelle.

Die Erdbeere ist ein Halbschattengewächs, das unter den richtigen Bedingungen und der richtigen Sortenwahl von den Subtropen bis zum Polarkreis angebaut werden kann. Das zeigt die unheimlich grosse Variabilität innerhalb der Gattung Fragaria. Die Erdbeere entsteht aus dem Blütenboden als eine Sammelnussfrucht. Sie ist eigentlich eine 'Scheinfrucht', da die Vermehrungseinheiten als Nüsschen an der Aussenseite der Erdbeere aufsitzen.

Tabelle: Vergleich der Fruchtmerkmale der einzelnen Arten

	Grösse/Form	Geschmack/Konsistenz	Farbe
Fragaria vesca L. Walderdbeere (Monatserdbeere)	konisch	aromatisch, süss schwammig, Fruchtfleisch ist mit Hohlräumen durchsetzt, die Früchte sind beinahe ohne Geschmack, bis sie die Vollreife erreichen, reife Früchte duften	rot bis fast weiss,
Fragaria moschata Moschuserdbeere	etwa doppelt so gross wie Walderdbeeren	süsser und würziger als die Walderdbeere, sehr weich	rot bis dunkelrot gefärbt, innen weiss
Fragaria viridis Hügelerdbeere	Frucht kugelig bis eiförmig, so gross wie Walderdbeeren	hart, Früchte fallen nicht ab, wenn sie reif sind, Beeren lassen sich nur schwer vom Kelchboden abtrennen, wobei meist (bedingt durch das Eindringen der Luft in den Fruchtboden) ein leiser Knall zu hören ist	reife Früchte meist grünlich gelb, selten rot
Fragaria chiloënsis Chilierdbeere	1,5–2 cm im Durchmesser (durchschnittlich etwas grösser als *Fragaria virginiana*)	die Chilierdbeere kommt in unzähligen Ökotypen vor, einige davon sind hoch aromatisch, viele Ananaserdbeeren stehen der Chilierdbeere nahe (Chiloënsis-Typen) und zeichnen sich oft durch ein besonderes Aroma aus, z. B. 'Mieze Schindler', 'Weisse Ananas' etc. (siehe auch Sortenporträts)	Frucht braunrot, matt rot, Schattenfrüchte oft nur rosa gefärbt
Fragaria virginiana Scharlacherdbeere	0,5–2 cm im Durchmesser (doppelt so gross wie die Walderdbeere)	säuerlich, aromatisch, duftend, weich, manchmal adstringierend, Fruchtzapfen löst sich vom Kelch und bleibt in der Frucht beim Pflücken	hell- bis dunkelrot, meist scharlachrot (Name!), Fruchtfleisch weiss
Fragaria x *ananassa* Ananaserdbeere	Fruchtfarbe blassrosa bis intensiv dunkelrot	variabel – von sehr aromatisch bis kaum aromatisch, sehr weich bis sehr hart	Variabel – von sanft rosa bis dunkelrot
Fragaria x *vescana* Wiesenerdbeere	Früchte klein	aromatisch, weich	rot

Die Blüten der Erdbeere sind meist zwittrig und selbst befruchtend. Die Blüten einiger Erdbeerarten (z. B. *Fragaria moschata, Fragaria chiloënsis, Fragaria virginiana)* sind allerdings oft zweihäusig, das heisst eingeschlechtlich. Infolgedessen sind einige Sorten der Gartenerdbeeren *(Fragaria* x *ananassa)* rein weiblich. Dazu zählen 'Mieze Schindler', 'Direktor Paul Wallbaum', 'Späte aus Leopoldshall' und die meisten Moschuserdbeeren wie 'Profumata di Tortona'. Rein weibliche Blüten bilden keine Staubgefässe aus. Eine Fruchtentwicklung ist daher nur möglich, wenn eine zwittrige Erdbeersorte, die zur selben Zeit blüht und der richtigen Art angehört, die Bestäubung übernimmt. Diese wird Befruchtersorte genannt.

Entwicklungsphasen, Tageslänge und Temperatur

In der Entwicklung der Erdbeerpflanze ergänzen einander vegetative (ungeschlechtliche) und generative (geschlechtliche) Phasen. In der vegetativen Entwicklungsphase vom Früh- bis Spätsommer bilden sich aus den Blattachselknospen Ausläufer. Die generative Entwicklungsphase setzt bei «Kurztagspflanzen» im Spätsommer und Herbst ein, ausgelöst durch die abnehmenden Tageslängen und tiefere Temperaturen. Anstelle von Ausläufern bilden sich nun in der Pflanze Seitenkronen mit Blütenknospen. Die Struktur der Erdbeerpflanzen verdichtet sich durch diese Seitenkronen, die ebenfalls eigene Wurzeln bilden, wenngleich sie in enger Verbindung mit der Mutterpflanze bleiben. In diesen Kronen bilden sich noch unsichtbare Blütenknospen, aus denen sich im folgenden Jahr die Blütenstände entwickeln. Deshalb entscheidet sich der Ertrag unserer einmal tragenden Gartenerdbeeren im Herbst. Sie hören auf zu blühen, wenn die Tage zu lang und die Temperaturen zu hoch werden – bei uns meist ab Ende Juni – und gehen wiederum in die vegetative Phase über.

Neben den Tageslängen beeinflusst auch die Temperatur die Bildung der Blütenknospen. Niedere Temperaturen regen die Blütenknospenbildung an. So ist es zum Beispiel in Norwegen, 300 Kilometer nördlich des Polarkreises, möglich, einmal tragende Erdbeeren anzubauen. Umgekehrt kann es sein, dass Erdbeersorten, die bei uns mehrmals tragend sind, in den Subtropen nur einmal tragen, weil die Blütenknospenbildung durch die zu hohen Temperaturen gestoppt wird. Deshalb ist der Ausdruck «Kurztagspflanzen» nur ein relativer Ausdruck und gilt nur für ein bestimmtes Gebiet.

Es gibt unter den Gartenerdbeeren drei Sortentypen:

- **Kurztagssorten** (die meisten alten und modernen Sorten, z. B. 'Madame Moutôt', 'Gorella', 'Elsanta'): Sie bringen einmal im Jahr Früchte hervor, gelegentlich blühen sie im Herbst nochmals; aus diesen Blüten entwickeln sich jedoch meist keine Früchte mehr, sie sind ohne Bedeutung. Blütenknospen werden ausgebildet, wenn die Tageslänge 14 Stunden unterschreitet oder wenn die Temperaturen unter 15 °C fallen.
- **Langtagssorten** (z. B. 'Mara des Bois', 'Ostara', 'Rapella'): Diese Sorten fruchten öfter im Jahr. Nach der ersten Ernte im Juni/Juli legen sie eine mehrwöchige Pause ein, anschliessend beginnen sie wieder zu blühen und zu fruchten – so lange, bis im Spätherbst tiefe Temperaturen die Früchte nicht mehr reifen lassen. Langtagssorten werden hauptsächlich in Hausgärten gepflanzt, finden aber auch im Erwerbsanbau Anhänger. Werden die Blüten im Mai/Juni ausgebrochen (Verzicht auf die erste Ernte), erhöht sich der Ertrag bei den darauffolgenden Ernten. Blütenknospen werden gebildet, wenn die Tageslänge zwölf Stunden überschreitet. Die Blüten für die erste Ernte im Juni/Juli werden im Vorjahr angelegt.
- **Tagneutrale Sorten** ('Seascape', 'Calypso'): Diese Sorten bringen etwa drei Monate nach dem Auspflanzen Früchte hervor, unabhängig vom Pflanzdatum. Tagneutrale Sorten werden hauptsächlich in Kalifornien als Ergänzung zu den Kurztagssorten gepflanzt. In Europa werden sie in geringem Ausmass im Herbst ausgepflanzt, um eine späte Ernte zu erzielen. Blütenknospen werden unabhängig von der Tageslänge ausgebildet. Bei Temperaturen über 26 °C bilden sie allerdings nur wenige bis keine Blüten aus.

Mieze Schindler – eine Aromaerdbeere

Das unvergleichliche Erdbeeraroma

Der unbeschreiblich gute Geschmack der reifen Erdbeere beruht nicht auf einem einzigen Aromastoff, sondern ist das Ergebnis vieler zusammenwirkender Inhaltsstoffe. Neben verschiedenen Zuckerarten und Fruchtsäuren sorgen über 360 Aromastoffe zusammen für den typischen Erdbeergeschmack. Entsprechend viele Variationen des echten Erdbeeraromas bringen die verschiedenen Erdbeerarten und Sorten hervor – das Geschmackspotenzial ist genetisch festgelegt, er hängt also entschieden von der Sorte ab. Während bei den einen die Süsse und Würze vorherrscht, erfrischt bei anderen die angenehme Säure und bringt andere Komponenten des Aromas zur Geltung.

Die Erdbeere 'Mieze Schindler' etwa wird von vielen als geschmacklich hervorragend angesehen. Die besondere Süsse in Verbindung mit dem säuerlichen Saft und dem Aroma der Walderdbeere machen diese Erdbeeren tatsächlich zu einem Genuss. Wissenschaftlern gelang der Nachweis, dass 'Mieze Schindler' eine bestimmte Substanz enthält, die für das Walderdbeeraroma verantwortlich ist. Sie konnten zeigen, dass dieser Aromastoff auch in anderen Erdbeersorten vorkommt und einigen anderen wiederum gänzlich fehlt.

Die Nachfrage nach Erdbeeraroma ist enorm – ein guter Grund für die Lebensmittelindustrie, ein kostengünstiges synthetisch hergestelltes Erdbeeraroma zur Aromatisierung von Lebensmitteln in riesigen Mengen einzusetzen. Ein Schimmelpilz bildet dieses so genannte «natürliche Erdbeeraroma», während er auf Holzfasern wächst: Furaneol® (der Markenname des Aromaherstellers Firmenich für dieses «natürliche Aroma») ist chemisch gesehen ein Furanderivat, das auch in echten Erdbeeren vorkommt. Es hat eine der niedrigsten Geruchsschwellen aller bekannten Aromastoffe und ist heute der synthetische Geschmacksstoff mit dem weltweit grössten Handelsvolumen.

Obwohl dieses «natürliche Aroma» also gar nicht aus Erdbeeren gewonnen wird, werden mit diesem synthetischen Geschmacksstoff die meisten Erdbeerjoghurts, -(eis)cremen, -marmeladen, -früchtetees und -bonbons aromatisiert. Unter dem Titel «Erdbeerfruchtzubereitung» werden solche «natürlichen Aromen» mit einem kleinen Teil Erdbeeren versetzt – als Alibi zur Namensgebung – und in die Speisen gemischt.

Neben dem «natürlichen Aroma» Furaneol® gibt es auch «echtes» natürliches Erdbeeraroma, das aus einem wässrig-alkoholischen Extrakt zerkleinerter und zerdrückter Erdbeeren gewonnen wird. Dieser Aromaextrakt wird meist in flüssiger Form, manchmal aber auch als Pulver verkauft. Weil das derart hergestellte natürliche Erdbeeraroma empfindlich und vor allem teuer ist, wird es aber nur höchst selten verwendet.

Tipps für den Hausgarten

Durch geschickte Sortenwahl können im Hausgarten die ganze Saison hindurch Erdbeeren geerntet werden. Alte Frühsorten sind zum Beispiel 'Senga Precosana', 'Regina' oder 'Sieger', Spätsorten 'Mieze Schindler' oder 'Direktor Paul Wallbaum'. Dazwischen reifen 'Wädenswil 6', 'Madame Moutôt' und andere.

Grossfrüchtige, remontierende Gartenerdbeeren sind eine hervorragende Ergänzung zu den einmal tragenden Sorten (z. B. die Sorten 'Mara des Bois', 'Ostara'). Sie beginnen ab Juni mit Unterbrüchen bis in den Herbst zu fruchten und schliessen somit nahtlos an die Ernte von Spätsorten an. Sehr empfehlenswert ist auch eine Kombination mit Monatserdbeeren wie 'Rügen' oder 'Alexandria'.

Entscheidend für das Gedeihen ist das Einhalten eines Fruchtwechsels. Die Erdbeerpflanzen können bis zu drei Jahren beerntet werden, dann sollten auf demselben Beet erst wieder nach fünf bis acht Jahren Erdbeeren angepflanzt werden. Ausserdem ist zu berücksichtigen, dass Kartoffeln und Tomaten eine schlechte Vorkultur abgeben, da sie Wirte für verschiedene Erdbeerkrankheiten sind.

Pflanzzeit ist zwischen Ende Juli und Mitte August. Späte Pflanzungen haben eine geringere Bestockung und damit eine niedrigere und leicht verfrühte Ernte zur Folge. Zu spät gepflanzte Erdbeeren können nicht mehr richtig anwachsen und wintern leicht aus. Beim Auspflanzen ist es wichtig, die richtige Pflanztiefe zu beachten – nicht zu hoch, sodass keine Wurzeln frei liegen, und nicht zu tief, sodass die Blattknospen nicht in der Erde stecken. Die Pflanzen sollten nicht zu dicht beieinander stehen (im Hausgarten rechnet man bei einem mehrjährigen Anbau mit einem Pflanzabstand in der Reihe von etwa 30 Zentimetern und 75 Zentimetern zwischen den Reihen), denn in zu dichten Kulturen kommt es leichter zu Wurzel- und Blattkrankheiten und Milbenbefall.

Als Zwischenkultur können bei neu gepflanzten Erdbeeren und bei ausreichendem Reihenabstand früh reifende Gemüsearten gewählt werden, zum Beispiel Wintersalat, Nüssler (Feldsalat), Spinat oder Radieschen. Wenn die Erdbeeren mit der Rankenbildung beginnen, sollte das Gemüse bereits abgeerntet sein.

Es ist einfache und gängige Praxis, Erdbeerjungpflanzen aus den Erdbeerbeeten auszugraben und umzupflanzen. Dabei ist es wichtig, dass nur Ausläufer von gesunden Mutterpflanzen weiter vermehrt werden, damit sich Erdbeerkrankheiten nicht ausbreiten können. In der Regel sollten die Pflanzen alle zwei bis drei Jahre erneuert werden, in Berglagen sind aber auch nach drei bis fünf Jahren noch ansprechende Ernten möglich. Voraussetzung dafür ist allerdings eine gute Bestandespflege, insbesondere das regelmässige Entfernen kranker Pflanzen und nicht benötigter Ausläufer sowie das Säubern der Erdbeerstöcke nach der Ernte und vor dem Austrieb im Frühling. Bewährt hat sich auch das Abmähen des Laubes und das Einbringen von reifem Kompost, bis die Herzblätter fast zugedeckt sind. Die Pflanzen durchwachsen dann die Kompostschicht und starken bis zum Herbst an.

Gute Pflege ist für Erdbeeren unerlässlich

Der elegantere Weg, Erdbeeren zu vermehren, ist, die geeigneten Mutterpflanzen (die besten Träger) zu markieren, im Herbst umzupflanzen und ausschliesslich von den ausgewählten Mutterpflanzen im folgenden Jahr Ausläufer zu entnehmen. Am besten werden die Erdbeeren in Töpfen gezogen und die Ausläufer in kleinere Töpfe oder auf eine mit Erde bedeckte Folie geleitet. So sind die Sorten gut voneinander getrennt und die Ausläufer gesund und kräftig. Um die Anzahl der Ausläufer pro Pflanze zu erhöhen, werden bei den Mutterpflanzen sämtliche Blütenstände ausgebrochen. Die Ausläufer können auch von der Mutterpflanze abgetrennt und samt Laubblättern in Topferde gesteckt (pikiert) werden, bevor sie Wurzeln ausbilden. Die Jungpflanzen bewurzeln sich anschliessend unter Sprühnebel und/oder Schattierung. Diese Methode ist etwas aufwändig, aber sie ist geeignet, um bereits früh im Jahr gut bewurzelte und gesunde Jungpflanzen zu erhalten. Gut bewurzelte Erdbeerjungpflanzen stehen so bereits ab Ende Juli zum Auspflanzen bereit.

Pikierte Sämlinge
von Monatserdbeeren

Monatserdbeeren werden über Samen oder durch Stockteilung vermehrt. Dank der Fähigkeit zur ungeschlechtlichen Samenbildung fallen die Sämlinge in der Regel sortenecht. Für die Samengewinnung werden reife, zerdrückte Früchte in viel Wasser aufgeschwemmt. Nach drei bis vier Tagen werden die Samen mit einem feinen Sieb abgefischt und getrocknet. Die Aussaat erfolgt von Februar bis April. Der Samen wird nur leicht zugedeckt (Lichtkeimer), kleinere Gefässe sollte man mit einer Glasplatte abdecken. Die Sämlinge werden einmal pikiert und ab Mai bis spätestens Mitte September ausgepflanzt.

Bodenpflege und Bodengesundheit sind für Erdbeerkulturen besonders wichtig und helfen mit, Krankheiten zu vermeiden. Spätestens bei Erscheinen der Blütenknospen sollte auf jegliches Hacken der Kulturen verzichtet werden. Rhizomverletzungen sind vor allem in der warmen Jahreszeit häufige Eintrittspforten für Wurzelkrankheiten, zum Beispiel die Rhizomfäule *(Phytophtora cactorum)*. Das Mulchen (vor der Blüte Unterlegen mit Stroh, nach der Ernte mit beliebigem Mulchmaterial) sowie das Einbringen von hochwertigem Kompost und Winterbegrünung leisten bei der Bodenpflege gute Hilfe, indem sie für eine krümelige Bodenstruktur sowie den Humusaufbau und eine ausgeglichene Bodenfeuchtigkeit sorgen. Auf solchen gesunden, durchlässigen Böden mit erhöhtem Humusgehalt fühlt sich die Erdbeere wohl.

Der Nährstoffbedarf der Erdbeeren ist gering. Zu hohes Stickstoffangebot kann Wurzel- und Blattkrankheiten fördern. Auch sollte man Überdüngung unbedingt vermeiden. Bei niedrigem Nährstoffniveau des Bodens (die meisten Gartenböden sind eher überdüngt) ist die Gabe von kompostiertem Mist als Dünger empfehlenswert. Wer diesen nicht zur Verfügung hat, kann an seiner Stelle qualitativ hochwertigen reifen Kompost (Phosphordünger) und Hornspäne (Stickstoffdünger) verwenden.

Monatserdbeeren *(Fragaria vesca)*

Rügen

Deutschland 1920

Diese wichtige rankenlose Monatserdbeere wurde 1920 von E. Spangenberg-Morsleben aus der rankenden und nicht remontierenden Walderdbeersorte 'Ruhm von Döbeltitz' gezüchtet. 'Rügen' ist heute in Österreich und Deutschland die am weitesten verbreitete Monatserdbeere. Sie trägt den ganzen Sommer Früchte (von Mitte Juni bis November), bildet keine Ausläufer und ähnelt insgesamt der Walderdbeere. Eine Vermehrung ist nur über Stockteilung oder, noch besser, über Samen möglich. Die Beere ist spitzkegelförmig und etwas kantig. Die Fruchtspitze ist vor der Vollreife grüngelb und erst bei Vollreife dunkelrot. Sie sitzt auf ziemlich straffen Stielen über dem Laub. Die zahlreichen Samen sind aufsitzend, das Fruchtfleisch ist weiss bis leuchtend rosa, nur im überreifen Zustand saftig. Typisch ist der etwas zurückgeschlagene Fruchtkelch.

'Rügen' ist anfällig für die Weissfleckenkrankheit. Die einjährigen Pflanzen ergeben die schönsten Früchte. Sie sollten deshalb regelmässig neu angesät werden. Verschiedene Selektionen sind im Handel: etwa 'Rügen selecta', 'Verbesserte Rügen' und 'Freudemacher'. Vermutlich sind auch die in der Schweiz angebotene 'Alexandria' sowie die im französischsprachigen Raum unter 'Reine des Vallées' verkauften Monatserdbeeren Abkömmlinge oder Selektionen von 'Rügen'.

Monatserdbeeren müssen unbedingt im vollreifen Zustand geerntet werden, denn nur dann kommt ihr

unvergleichliches Aroma zur Geltung. Erst wenn sich die Früchte leicht vom Kelch lösen und sie einem förmlich in die Hand fallen, ist die Genussreife erreicht.

Weisse Solemacher

Deutschland 1936; Syn.: Weisse Baron Solemacher

Als rankenlose Monatserdbeere aus einem Sämling von 'Rügen' wurde die deutsche Sorte 'Weisse Solemacher' 1935 von Baron Solemacher aus Antweiler gezüchtet, der in Fachkreisen Ansehen als Züchter im Rheinland genoss.

1936 wurde diese Sorte von der Baumschule Heinemann in den Handel gebracht, die rotfruchtige Schwestersorte 'Rote Baron Solemacher' folgte ein Jahr später. Besondere Vorteile von 'Weisse Baron Solemacher' sind die gleichmässige Abreife und die relativ grossen Früchte. 'Weisse Solemacher' zeichnet sich durch starke Fruchtbarkeit, Grösse und Schönheit der Früchte sowie gesunden, kräftigen Wuchs aus. Die Früchte sind rundlich, manchmal länglich (meist länger als bei 'Rügen'), ihr Geschmack ähnelt der Walderdbeere. Weisse Monatserd-

beeren verfärben sich nach der Ernte unschön bräunlich. Für die Zubereitung einer Bowle empfiehlt es sich, die weissen Früchte direkt in ein Gefäss mit Wasser oder Wein zu pflücken, denn dadurch bleibt die Fruchtfarbe erhalten.

Schöne Meissnerin

Deutschland 1877

Die 'Schöne Meissnerin' wurde 1877 von Gottlieb Goeschke in Köthen gezüchtet. Sie gehört zum alten Typ der rankenden Monatserdbeeren. Auf den sehr grossen, weissen, länglich kegelförmigen Früchten liegen rote Samen auf. An diesen kann man die Sorte leicht von anderen weissen Monatserdbeeren unterscheiden. Sie schmeckt vorzüglich. Eine weitere ehemals verbreitete weisse Sorte ist die 'Weisse von Orleans'. Rankende Monatserdbeeren sind wahre Bodendecker: In kurzer Zeit bedecken sie ein ganzes Beet.

Heute haben sich Sorten ohne Ranken durchgesetzt; ihr Vorteil liegt in der besseren Kontrollierbarkeit der Bestände und der leichteren Ernte (wegen des weniger dichten Wuchses). Rankende Monatserdbeeren sind inzwischen eine Rarität geworden – im Handel sind sie nicht mehr erhältlich und auch in den bestehenden Sammlungen kaum zu finden. In alten Gärten entdeckt man sie gelegentlich noch als Kulturrelikt (rot- und weissfruchtig). Die Unterscheidung von Sorten ist jedoch kaum mehr möglich. Bei Thiele (1952) sind sechs rankende Sorten beschrieben, bei Goeschke (1888) 41 Sorten, davon lediglich fünf Monatserdbeeren ohne Rankenbildung.

Moschuserdbeeren *(Fragaria moschata)*

Profumata di Tortona

Die meisten Moschuserdbeeren, darunter auch 'Profumata di Tortona', sind zweihäusig, das bedeutet, es gibt männliche und weibliche Pflanzen. Nur wenn beide in nächster Nähe wachsen, bilden die weiblichen Pflanzen Früchte aus. Man rechnet mit etwa einer männlichen Pflanze auf 25 weibliche. Der Blütenstiel der Moschuserdbeeren ist abstehend behaart und steht straff aufrecht. Die grossen doldigen Blütenrispen erheben sich charakteristisch über das Laub, weshalb Moschuserdbeeren im Volksmund gelegentlich auch «Blumenstrauss-Erdbeeren» genannt wurden. Die Frucht ist klein (etwas grösser als eine Walderdbeere), rund, dunkel- bis fast schwarzrot, mit eingesenkten Samen. Das Fruchtfleisch ist weissgelb und intensiv gewürzt. Der Kelch ist aufsitzend und zurückgebogen. Die Sorte trägt einmal und reift meist Anfang Juli. Allerdings ist der Ertrag pro Pflanze gering und bereits im zweiten Standjahr vernachlässigbar.

Moschuserdbeeren brauchen zur vollkommenen Entwicklung meist etwas länger als andere Erdbeeren, dafür sind sie bei der Reife besonders delikat: Sie haben ein ganz hervorragendes, intensiv süss-würziges Aroma, das an den Duft von Moschusparfum erinnert oder etwas nach Honig, Zimt und Muskateller schmeckt.

Heute sind Moschuserdbeeren als Kulturpflanzen nahezu verschwunden. Sehr selten findet man sie noch als Kulturrelikt in alten Gärten, wo sie wegen ihrer schönen Blüten zum Teil geduldet werden. In Italien, im Gebiet um Tortona (Piemont), wird diese kleine Erdbeere unter dem Namen 'Profumata di Tortona' trotz ihres

geringen Ertrags noch kultiviert. Seitens der Gemeinde von Tortona wird der Anbau dieser gefährdeten Kulturpflanze in jüngster Zeit wieder gefördert. Wie bereits erwähnt, haben auch Feinschmecker den kulinarischen Wert der Moschuserdbeere erkannt und reisen im Mai ins Piemont, um die duftenden Beeren zu geniessen.

Capron Royal

vermutlich England 1861; Syn.: Royal Hautbois

Nach Goeschke (1888) wurde 'Capron Royal' in England unter Sämlingen der gewöhnlichen Moschuserdbeere gefunden. Wegen ihrer zwittrigen Blüte erhielt sie auch den Namen 'Capron hermaphrodite'. Die 'Königliche Moschuserdbeere' kam dann über Brüssel nach Frankreich und ist hier seit 1766 bekannt. Unter demselben Namen, 'Capron Royal', wurde 1861 von M. Rivers in England eine Sorte herausgegeben, die aus Samen der Sorte 'Belle Bordelaise' gezogen worden war.

'Capron Royal' ist eine der wenigen zwittrigen Sorten, die allein ohne andere Bestäuberpflanzen angebaut werden können. Die Früchte sind mittelgross (wie eine kleine Kornelkirsche), von rundlicher bis meist deutlich konisch-eiförmiger Gestalt mit breiter abgerundeter Spitze. Der Kelch ist klein und zurückgeschlagen.

Die Früchte sind anfänglich verwaschen rosa bis blassviolett und verfärben sich langsam weinrot. Auf der sonnenabgewandten Seite bleiben die Früchte lange weisslich grün und hart. Die Samen liegen wenig vertieft, sind anfangs gelblich, später braun. Das Fruchtfleisch ist gelblich weiss, am Rande dunkelbraun bis rot, voll, fest und butterartig schmelzend, sehr süss und gewürzreich, allerdings weniger aromatisch als alle zweihäusigen Moschuserdbeersorten.

Gartenerdbeeren *(Fragaria x ananassa)*

Amazone

Deutschland um 1930

'Amazone' wurde um 1930 von Franz Goeschke, Sohn des ersten deutschen Erdbeerenzüchters Gottlieb Goeschke, in den Handel gebracht. Sie war eine der frühesten Erdbeeren, wenn nicht sogar die früheste Erdbeere auf dem Markt. In Tieflagen reift sie bereits Mitte Mai, etwa zur gleichen Zeit wie die damals bekannteste Frühsorte 'Deutsch Evern'. Während der Reifung verfärben sich zuerst die Samen und erst dann die Früchte. So entstehen unmittelbar vor dem Rotwerden die charakteristischen rötlich punktierten, aber noch grünen Früchte der 'Amazone'.

Die Pflanzen sind meist recht gesund und auffallend flachwüchsig. Ihre Früchte sind zahlreich, aber klein und stehen in einem kurzen, bereits von der Basis an verzweigten Fruchtstand. Sie sind eher weich, meist breitherz- oder nierenförmig und haben einen kleinen, eingesenkten Kelch. Die Samen sitzen im Unterschied zu den meisten Erdbeersorten auf der Frucht.

Bei kleinfrüchtigen und reich tragenden Sorten ist es generell wichtig, sie nur ein bis zwei Jahre zu nutzen, ansonsten werden die Früchte von Jahr zu Jahr noch kleiner. Pflanzt man sie spät im Jahr (Ende August), werden weniger Blüten gebildet, und die Früchte werden insgesamt grösser. Im Geschmack ist 'Amazone' süsssauer und unterschiedlich aromatisch. Bei zu vielen Früchten und ungünstiger Witterung werden die Beeren etwas fad im Geschmack.

Die 'Amazone' konnte sich im Anbau trotz ihrer Frühreife nicht durchsetzen, weil das Pflücken infolge der zu

kleinen Früchte zu aufwändig war. Daher hatte die Sorte bereits in den 1950er-Jahren nur Liebhaberwert. Thiele berichtete 1952 über sie: «Besonders für Bowlen werden die Früchte mit Vorliebe genommen.» Bereits im 19. Jahrhundert beschrieb der französische Beerenzüchter Dr. Nicaise eine (andere) Erdbeersorte mit länglich kegelförmigen, aromatischen Früchten als 'Amazone'. Später zeigte sich, dass es sich dabei um die altbekannte englische Sorte 'Jucunda' handelte.

Belrubi

Frankreich 1962

'Belrubi' ist eine neuere französische Sorte. Sie wurde 1962 gezüchtet ('Pocahontas' x 'Redcoat') und ist seit 1970 in Frankreich, seit 1975 in Deutschland auf dem Markt.

'Belrubi' ist eine nicht besonders ertragreiche mittelfrühe Sorte. Sie schmeckt aromatisch, aber die sortentypische Säure vermindert den Aromaeindruck. Die Erstlingsfrüchte sind sehr gross, die Grösse der Früchte nimmt aber im Verlauf der Ernte stark ab. Attraktiv ist die Sorte dank ihres überdurchschnittlich guten Aussehens: Sie hat ein durchgehend intensiv dunkelrot gefärbtes, festes Fruchtfleisch, ist kegel- bis rautenförmig und hat einen auffallend langen, rot glänzenden Fruchthals. 'Belrubi' ist eine der wenigen Erdbeersorten, die einen hohen pH-Wert ertragen, und ist eine der Elternsorten von 'Thuriga', einer neueren Schweizer Züchtung.

Deutsch Evern

Deutschland 1902

Die Sorte ist nach der gleichnamigen Stadt in Lüneburg benannt. Sie wurde von Johannes Böttner 1902 aus den damals bedeutenden Sorten 'Sieger' und 'Laxton's Noble' gezüchtet und von Georg Soltwedel, der aus Deutsch Evern stammt, 1903 in den Handel gebracht. Aufgrund ihrer frühen Reifezeit war sie bis in die frühen 1960er-Jahre weit verbreitet (Standardfrühsorte) und wurde häufig in der Züchtung verwendet – und das, obwohl sie empfindlich auf Trockenheit reagiert und ihr Geschmack nur mittelmässig ausfällt.

Von Nachteil sind auch ihre kleinen Früchte: Sie sind im ersten Jahr höchstens mittelgross, dann werden sie immer kleiner. Die Pflanze bildet wenige Ausläufer und sollte nach ein bis zwei Jahren erneuert werden, da die Früchte sonst winzig werden. Die Beeren sind ziemlich regelmässig geformt, spitz kegelförmig und hellrot und haben weisses, saftreiches Fruchtfleisch. Der Geschmack ist etwas säuerlich und nicht besonders aromatisch.

Frühsorten waren früher Geldbringer, Exporte aus südlichen Anbaugebieten gab es damals noch nicht, daher nahm man den Nachteil der Kleinfrüchtigkeit in Kauf. Vor allem im nördlichen Europa wurde 'Deutsch Evern' zum Treiben unter Glas kultiviert. Man verwendete die Sorte oft in der Züchtung von Frühsorten; sie ist unter anderem Elternteil der in den 1950er-Jahren gezüchteten grossfrüchtigeren Frühsorten 'Regina' und 'Macherauchs Frühernte', von denen sie schliesslich zunehmend verdrängt wurde.

Direktor Paul Wallbaum

Deutschland 1953

Die spät reifende Sorte 'Direktor Paul Wallbaum' ist der Sorte 'Mieze Schindler' sehr ähnlich, aus der sie von dem Gartenbauinspektor K. P. Thiele 1953 in Hannover gezüchtet wurde ('Mieze Schindler' x 'Georg Soltwedel'). Die Frucht ist mittelgross, weich und dunkelpurpurrot, kurz-kegelförmig und an der Spitze etwas eingeschnürt; die dunklen Samen sitzen in tiefen Mulden.

'Direktor Paul Wallbaum' bildet wie 'Mieze Schindler' rein weibliche Blüten aus und benötigt daher eine Bestäubersorte. 'Direktor Paul Wallbaum' hat einen hervorragenden Fruchtgeschmack und ein besonders feines Aroma; sie ist sehr süss und würzig. Die spät reifenden Früchte sind aber schwer mit Kelch pflückbar, und die auffallend langen Fruchtstände liegen flach auf dem Boden auf, sodass die Beeren ohne Strohunterlage leicht schmutzig werden. Für den Hausgarten ist die Sorte als robuste Aromaerdbeere zu empfehlen. In den 1950er-Jahren wurde sie als «sicherer Massenträger mit ansprechenden Früchten für Markt und Konserve» angepriesen. Aus heutiger Sicht ist der Ertrag aber eher gering.

Dr. Morère

Frankreich 1867

'Dr. Morère' wurde 1867 von Berger in Frankreich gezüchtet ('Duc Malakoff' x 'Palmyre Berger') und gehörte im französischsprachigen Raum wegen ihres ausgezeichneten Geschmacks und ihrer Frühreife jahrzehntelang zu den Hauptsorten. Ein berühmter Nachkomme dieser Sorte ist 'Madame Moutôt'. Die Beeren von 'Dr. Morère' sind weich und von etwas länglicher, unregelmässiger Form. Sie haben weisses, schmelzendes Fruchtfleisch und im Gegensatz zu 'Madame Moutôt' einen guten «litchiartigen» Geschmack.

Die Früchte reifen oft unregelmässig aus, haben eine grüne Spitze und bilden nicht selten eine zweite Blüte im Herbst. Die unregelmässige, oft gefurchte oder gelappte und zum Teil bizarre Form der Früchte ist typisch für viele Sorten des 19. und frühen 20. Jahrhunderts. In der Schweiz konnte sich 'Dr. Morère' über Jahrzehnte am Markt behaupten, wurde aber in den 1930er-Jahren von 'Madame Moutôt' abgelöst.

Georg Soltwedel

Deutschland 1941

'Georg Soltwedel' ('Rotkäppchen' x 'Hansa'), von dem gleichnamigen Züchter in Deutsch Evern 1941 gezüchtet, war einst eine wichtige Sorte für Österreich und Deutschland, in der Schweiz jedoch wenig verbreitet. Sie stand als erste deutsche Sorte unter Sortenschutz.

Typisch ist der grosse Kelch mit gespaltenen Kelchblättern und die grosse, lange zapfenförmige Frucht, wobei die Erstlingsfrüchte meist kammförmig bis dreifach gespalten und besonders fest sind. Die Sorte ist mittelfrüh reifend, ihr Ertrag ist für heutige Verhältnisse unterdurchschnittlich. Noch in den 1950er-Jahren aber nannte sie Thiele die «für den Erwerbsanbau wohl dankbarste Erdbeersorte», und 1963 war 'Georg Soltwedel' im deutschen Erwerbsanbau noch auf 2 % der Anbaufläche vertreten.

Empfohlen wurde die Sorte vor allem für die Verarbeitung zu Konserve und Gefrierkonserve; man lobte sie in erster Linie wegen ihres ausgezeichneten Geschmacks. Die Sorte ist wenig anfällig für Grauschimmel, aber umso mehr für Mehltau und Spinnmilbe.

Gorella

Niederlande 1960

'Gorella' ('Juspa' x 'U.S. 3763') ist eine frühe bis mittelfrühe Sorte mit aufrechtem Wuchs. 'Gorella' war noch in den 1980er-Jahren Hauptsorte in Österreich, insbesondere in der Steiermark, und Hauptsorte des italienischen Exportanbaus. Auch in anderen europäischen Ländern war 'Gorella' weit verbreitet, verschwand aber ab 1990 zunehmend aus den Verkaufskatalogen.

Sie blüht früh und hebt zusätzlich ihre Blütenstände über das Laub, deshalb ist sie spätfrostgefährdet. Sie kann auch in Lagen über 600 Metern noch gute Erträge bringen. Das Aroma ist nicht besonders ausgeprägt, reife Früchte sind aber recht süss. Die Früchte sind langkegelig, wobei die Erstlingsfrüchte oft gerieft und kantig sind. Sie sind leuchtend hellrot, stark glänzend, die Fruchtspitze ist oft heller. Ihr Fruchtfleisch ist hellorangerot, in der Mitte heller, relativ fest und nicht druckempfindlich. Das Blatt besitzt oft mehr als drei Fiederblätter.

Ihren Erfolg verdankte 'Gorella' ihrer Transportfestigkeit, dem hohen Ertrag und dem hohen Anteil an grossen Früchten. Diese lösen sich leicht vom Kelch, was beim Einkochen praktisch ist. Die Sorte bildet nur wenige Blütenstiele aus, deshalb ist ein frühes Auspflanzen im Sommer zur Anlage von Blütenknospen notwendig. 'Gorella' beginnt früh mit der Ausläuferbildung. Sie ist sehr anfällig für Grauschimmel, Lederfäule und Verticillium-Welke.

Die Transportfestigkeit von 'Gorella' liegt vor allem an der Festigkeit der Fruchthaut; das Fruchtfleisch hingegen ist relativ weich (wie bei 'Red Gauntlet'). Häufig wurde 'Gorella' in der Züchtung verwendet, so ist sie zum Beispiel Elternteil von 'Elsanta' (heute eine wichtige Erwerbssorte), 'Elvira' und 'Kimberly'. In den 1980er-Jahren zielten die Bestrebungen der Züchter darauf ab, Festigkeit des Fruchtfleisches mit fester Fruchthaut zu verbinden.

Hansa

Deutschland 1905; Syn.: Schwarze Ananas, Schwarze König Albert

Die mittelspäte Sorte 'Hansa' wurde um 1904 als Zufallssämling in den Vierlanden bei Hamburg entdeckt und von Julius Buhk aus Hinderdeich-Kirchwerder 1905 in den Handel gebracht. Man vermutet, dass sie von 'Laxton's Noble' und einer alten dunkelfarbigen Sorte jenes Gebietes abstammt.

Am besten gedeiht die Sorte auf feuchten, aber nicht zu nährstoffreichen Böden. Ihr Ertrag ist aber eher gering, vor allem bei Trockenheit. Auf zu wüchsigen Böden bildet sie viel Laub und wenig Früchte aus. Die Sorte macht oft schlecht tragende Nebenformen, sodass die Mutterpflanzen laufend ausgelesen werden müssen.

Ihre Synonyme 'Schwarze Ananas' und 'Schwarze König Albert' weisen auf die auffallende, wenig glänzende, dunkelrote Färbung ihrer Früchte hin. Als so genannte Bluterdbeere ist sie sehr gut für die Verarbeitung zu Saft, Marmelade und zum Tiefkühlen geeignet. Die Früchte sind nierenförmig bis rund und am Kelch platt. Ihr Geschmack ist ganz vorzüglich: süss mit feinem Aroma. Das dunkelrote Fruchtfleisch ist weich, daher lässt sich diese Erdbeere kaum transportieren. Auch der Zapfen ist dunkelrot gefärbt. Aufgrund ihres Wohlgeschmacks und ihrer schönen Färbung erzielte 'Hansa' bis in die 1920er-Jahre hinein gute Preise am Markt und wurde gern gekauft. Für den Liebhaber kann diese alte Sorte als Spezialität den Hausgarten bereichern.

Jubilae

Österreich 1961

Diese etwas spät reifende Frühsorte wurde von Eduard Strauss 1961 in Klosterneuburg gezüchtet ('Regina' x 'Mieze Schindler'). 'Jubilae' ist die einzige je in Österreich gezüchtete Erdbeersorte. 1961 wurde sie anlässlich der 100-Jahr-Feier der Wein- und Obstbauschule in Klosterneuburg präsentiert. Sie ist ausgezeichnet im Geschmack, konnte sich aber wegen der kleinen, dunklen Früchte und der minderen Transportfähigkeit nicht lange im Erwerbsanbau halten. Für Liebhaber aromatischer Erdbeeren ist sie auch heute noch sehr empfehlenswert.

Die attraktiven, dunkelroten, bei Vollreife fast schwarzroten, länglich kegelförmigen Früchte sind mittelgross, haben deutlich eingesenkte Samen und einen auffallend grossen Kelch und bieten einen hervorragenden Geschmack: süss, aromatisch und leicht säuerlich. Das Fruchtfleisch ist rot und um den Zapfen weiss gefärbt und die Frucht wenig fäulnisanfällig. Die Pflanze ist stark wachsend, bringt mittleren Ertrag und ist sehr vital. Typisch ist die frühe und auffallend grosse Blüte. Als Aromaerdbeere für Rohgenuss und Verarbeitung kann sie für den Anbau im Hausgarten nur empfohlen werden.

Jucunda

England 1852; Syn.: Walluf, Ehlers Fruchtbare, Büdericher Volltragende

Die alte, spät reifende englische Sorte 'Jucunda' wurde um 1852 von John Salter aus Hammersmith gezüchtet. Fruchtgrösse und Transportfähigkeit waren schon immer ein sehr wichtiges Kriterium in der Sortenwahl. Da 'Jucunda' diese Eigenschaften (ihrer Zeit entsprechend) überdurchschnittlich erfüllte, guten Ertrag bot und überdies meist vier bis sechs Jahre lang reichtragend blieb, blieb sie bis in die 1950er-Jahre hinein nicht nur in Grossbritannien, sondern vor allem auf dem europäischen Festland eine bewährte Sorte für den Erwerbsanbau. Insbesondere für die Verwertung war sie beliebt, da sie sich leicht ohne Kelch pflücken lässt. Durch den Erfolg von 'Senga Sengana' in den 1950er-Jahren fiel sie gänzlich aus dem Sortiment. Den heutigen Ansprüchen an Transportfähigkeit genügt 'Jucunda' nicht mehr.

Die Früchte reifen spät, sind glänzend ziegelrot, mittelgross bis gross, regelmässig herzförmig bis stumpfkegelig, mit sehr kleinem Kelch und kleinen, gelben, aufsitzenden Samen – ein Sortenmerkmal, das nur bei alten Sorten zu finden ist (moderne Sorten haben eingesenkte Samen, da die Früchte beim Transport einander dadurch verletzen können). Das Fruchtfleisch ist saftig, fein weinsäuerlich und fest, fast weiss mit leichtem rosa Anflug. Die Sorte verlangt besonders guten, nährstoffreichen schweren Boden. Sie ist wenig krankheitsanfällig und robust gegen Witterungseinflüsse. Um die Eigenschaft «ohne Kelch pflückbar» weiterzugeben, wurde sie in den Niederlanden in der Züchtung verwendet (z. B. Sorte 'Juspa', 'Elista'). Sie ist auch Elternteil der deutschen Sorte 'Oberschlesien'.

Kaisers Sämling

Deutschland 1888

Die alte, 1888 von Gottlieb Goeschke gezüchtete ('König Albert von Sachsen' x 'Teutonia') Sorte 'Kaisers Sämling' besitzt für den Hausgarten schätzenswerte Eigenschaften, kommt für den Erwerbsanbau jedoch nicht in Frage. Die Frucht ist gross, herzförmig, hellrot und äusserst wohlschmeckend, aber ihr Fruchtfleisch ist so weich schmelzend, dass die Frucht nur unmittelbar nach dem Pflücken genossen werden kann und keinen Transport duldet.

'Kaisers Sämling' ist besonders für leichte, sandige Böden geeignet, in schweren Lehmböden versagt sie. Um ihr im leichten Boden genügend Feuchtigkeit zu geben, ist es ratsam, den Boden zwischen den Pflanzen mit Mulch abzudecken.

Laxton's Noble

England 1887

In den 1860er-Jahren begann Thomas Laxton mit seinen Züchtungsarbeiten. Seine ersten Ergebnisse in Sachen Erdbeeren brachte er 1872 als Sorten heraus. Er kreuzte Sorten mittels Handbestäubung. Allerdings war sein erster Erfolg, 'Laxton's Noble', ein Zufallssämling. Es handelt sich um einen Sämling der Sorte 'Excelsior'. Diese Sorte stand neben 'American Sharpless', die heute als Befruchter (Vatersorte) angenommen wird.

'Laxton's Noble' kam 1887 in den Handel und war bald europaweit eine der beliebtesten und am weitesten verbreiteten Hauptfrühsorten für den Grossanbau und die Frühtreiberei. 'Laxton's Noble' eignete sich wegen der für damalige Verhältnisse relativ festen Früchte zum Versand und war wegen ihrer grossen, schönen und regelmässigen Form und Farbe beliebt (für heutige Verhältnisse sind die Früchte zu klein, zu weich und zu wenig lebhaft gefärbt).

Im Geschmack hat sie nur Mässiges zu bieten: Sie ist oft etwas mehlig und schmeckt fade und säuerlich. Es fehlt ihr an Zucker und Aroma. Ihrer runden Form wegen wurde sie in Österreich 'Runde' genannt. Da die Sorte frostempfindlich ist, eignet sie sich nicht für rauere Lagen; Knospen und Blüten sterben bei Kahlfrösten leicht ab. Bis in die 1950er-Jahre war sie im Anbau, in Italien sogar bis etwa 1960. Später ersetzten meist die Sorten 'Sieger' und 'Deutsch Evern' diese alte englische Züchtung.

Laxton brachte 17 Erdbeersorten heraus, darunter 'King of the Earliest' und 'Royal Sovereign'. Besonders bemerkenswert in den Arbeiten von Laxton war seine Erkenntnis, dass nur aus Kreuzungen europäischer Sorten mit den entfernt verwandten amerikanischen Sorten neue, bahnbrechende Züchtungserfolge entstehen können. Diese Überlegung (Züchtungsstrategie) hat sich auch in seiner Züchtung 'Royal Sovereign' bestätigt.

Louis Gauthier

Frankreich 1896

'Louis Gauthier' wurde 1896 von dem gleichnamigen Züchter aus dem französischen Caen gezüchtet ('Saint Joseph' x unbekannt) und 1898 von der Gärtnerei Letellier et Fils in den Handel gebracht. Ähnlich wie die 'Weisse Ananas' ist sie aussen hellrosa und innen weissfleischig.

Die Spitze bleibt zuweilen grünweiss, die Samen sind rötlich gelb bis bräunlich und aufliegend. Die Früchte sind von mittlerer Grösse, breit in der Form, manchmal radförmig, oft auch breit-rundlich bis stumpfkegelig.

Das Fleisch und die Schale sind weich und sehr empfindlich. Die Früchte reifen mittelspät und haben einen aussergewöhnlich feinen Geschmack. Die Sorte trägt typische Eigenschaften der Chilierdbeere in sich – süss-sauer, verhältnismässig wenig Zucker, dafür sehr aromatisch. Für Erdbeerwein oder -most ist die Sorte sehr geeignet, weil sie die entsprechende Säure enthält; der Saft ist allerdings farblos. Von einzelnen Fabrikanten wurden im 19. Jahrhundert ganz weisse Erdbeersorten zur Konservierung besonders bevorzugt. Heute sind weisse Erdbeersorten gar nicht mehr im Gebrauch.

Trotz reicher Fruchtbarkeit bleibt der Ertrag gewöhnlich gering, da es meist hohe Ausfälle durch Fäulnis gibt. Die Sorte bevorzugt feuchtes Klima und ist nicht vollkommen winterhart; sie sollte daher nur an geschützten Stellen angepflanzt und über den Winter abgedeckt werden. Ein gut wasserversorgter, durchlässiger, nahrhafter und warmer Boden ist für diese anspruchsvolle Sorte unbedingt erforderlich. Bei günstigen Lebensbedingungen sind die Pflanzen gesund.

Bemerkenswert ist die späte Blüte und ihre Eigenschaft, an den jungen Ausläufern im Herbst eine zweite Ernte zu bringen. Deshalb wurde sie in der Züchtung als Ausgangssorte für zweimal tragende Erdbeeren verwendet. Die alte französische Sorte 'Abundance' (1905) wurde aus ihr gezüchtet. Für den Erwerbsanbau kommt 'Louis Gauthier' nicht in Frage – sie ist aber eine Liebhabersorte ersten Ranges mit aussergewöhnlichem Charakter.

Madame Moutôt

Frankreich 1906; Syn.: Tomatenerdbeere, Paradeiser, Madame Kooi, Generalfeldmarschall von Hindenburg, Hindenburgerdbeere, Wunder von Bex, Gesolei Riesen, Kesselrings Erfolg, Schröters späte Riesen, Irmgard Nürnberger, Laxton's Juwel

Charles Moutôt, Gärtner im französischen Poissy (Departement Seine-et-Oise), züchtete die Sorte 'Madame Moutôt' im Jahre 1906 ('Dr. Morère' x 'Royal Sovereign'). Nachdem sie 1907 von der Société Nationale d'Horticulture de France prämiert worden war, brachte Letellier et Fils sie 1911 in den Handel. 'Madame Moutôt' avancierte bald darauf zur europaweit meistangebauten Sorte. Daher gibt es für diese Sorte viele Synonyme.

Trotz wohlschmeckender Eltern leidet 'Madame Moutôt' in nicht ganz ausgereiftem Zustand an etwas schwachem Geschmack. In Vollreife ist sie jedoch süss und recht wohlschmeckend. Ihr weissliches bis lachsrosafarbenes Fruchtfleisch ist locker und etwas mehlig. Die Früchte sind riesig, stark gerippt, aufgeblasen, unregelmässig und oft innen hohl. Sie sind verwaschen hellrot bis rot gefärbt und meist an der Spitze grün bleibend. Typisch ist ihr starker Wuchs und die unverwechselbar grossen, blasig gewölbten, matten Blätter mit grob gekerbtem Blattrand.

Ihren Erfolg verdankt diese Sorte den enorm grossen Früchten, dem guten Ertrag, ihrer Resistenz gegen Trockenheit sowie ihrer Eignung für Höhenlagen und einer langen Kulturdauer (in Österreich wurde sie bis zu 15 Jahre beerntet!). In niederschlagsreichen Gebieten ist sie etwas anfällig für Graufäule, daher wurde sie in trockenen Lagen, zum Beispiel im Wallis, angebaut. 'Madame Moutôt' war die mit Abstand grossfruchtigste Erdbeere auf dem Markt. An einjährigen Pflanzen können regelmässig Beeren von 60 oder 80 Gramm Gewicht geerntet werden, es kommen aber auch Riesenfrüchte mit bis zu 100 oder 120 Gramm vor.

Wegen ihrer grossen Erstlingsfrüchte wurde die Sorte später im Handel oft als 'Tomatenerdbeere' angeboten. Sie hielt sich als Massenträgerin in ganz Europa jahrzehntelang im Anbau. Ab den 1950er-Jahren wurde 'Madame Moutôt' zunehmend durch 'Senga Sengana', 'Cambridge Favourite' und 'Talisman' verdrängt. Die Sorte bevorzugt humusreichen, nährstoffreichen, mittelschweren Boden, liefert aber auch auf trockenen steinigen Böden ansprechende Erträge.

Wiederholt wurde versucht, die unbefriedigenden äusseren und inneren Qualitäten der Früchte durch Kreuzungen zu erhöhen. So entstand 1924 durch eine Verkreuzung

mit der regelmässig geformten und schön gefärbten 'Oberschlesien' das 'Rotkäpple vom Schwabenland'. 1930 wurde 'Madame Moutôt' in der Westschweiz mit der bedeutenden aromatischeren 'Président Dufour' gekreuzt und als 'Belle de Châtelaine' in den Handel gebracht. Allerdings konnte sich keine der neuen Sorten gegen 'Madame Moutôt' behaupten.

Es ist bemerkenswert, dass diese ursprünglich weit verbreitete Sorte heute nur noch selten in gesundem Zustand anzutreffen ist. Viele Herkünfte leiden unter dem genetische Defekt «June Yellow Disorder», einer nicht ansteckenden bzw. übertragbaren Krankheit. Andere alte Sorten sind durch diesen genetischen Abbau bereits vollständig verschwunden, zum Beispiel die in den 1940er- und 1950er-Jahren in England weit verbreitete 'Auchincruive Climax'.

Mieze Schindler

Deutschland 1933

Die Erdbeersorte 'Mieze Schindler' entstand 1925 und wurde 1933 in den Handel gebracht. Sie wurde in Dresden-Pillnitz von Professor O. Schindler gezüchtet. Im Hausgarten wurde sie gern wegen ihres vorzüglichen Aromas angebaut, obwohl sie rein weibliche Blüten bildet und daher eine andere Sorte als Pollenspender benötigt.

'Mieze Schindler' zeichnet sich durch Spätreife und hervorragenden Geschmack aus und war bis zur Wiedervereinigung Deutschlands hauptsächlich in den Kleingärten der ehemaligen DDR, vor allem im Raum Dresden, verbreitet. Die Früchte sind mittelgross, gleichmässig geformt, breitrund bis nierenförmig mit typischem eingesenktem Kelch und dunkelrot, bei Vollreife schwarzrot gefärbt. Die Samen sind schwarz und eingesenkt. Das Fruchtfleisch ist rot, ziemlich fest und nicht sehr empfindlich auf Druck. Starker Duft und feine Säure sind mit Süsse harmonisch gepaart und ergeben den besonderen Geschmack. Typische Merkmale sind die rein weibliche Blüte und unverwechselbar dunkelgrüne Blätter mit fein gekerbtem Blattrand (bei den meisten anderen Sorten ist der Blattrand gesägt). Die Ausläuferbildung ist stark, und an einer Ranke ist der Abstand zwischen den Jungpflanzen gross.

'Mieze Schindler' entstand durch Kreuzung von 'Lucida perfecta' x 'Johannes Müller' und ist damit noch stark mit der ursprünglichen Chilierdbeere verwandt. Das hervorragende Aroma von 'Mieze Schindler' hat die Sorte vermutlich von der Chilierdbeere, *Fragaria chiloënsis*, über die Sorte 'Lucida' geerbt. 'Mieze Schindler' erfuhr auf-

grund ihres einzigartigen Geschmacks auch eine gewisse Verbreitung in Westdeutschland, in Österreich und in der Schweiz. Heute wird sie in Deutschland und Österreich in Haus- und Kleingärten für den Eigenbedarf und in sehr geringem Umfang auch kommerziell zum Selbstpflücken, für den Frischmarkt und für die Verarbeitung zu Marmeladen angebaut.

Das intensive Aroma dieser Sorte war für jeden offensichtlich, der diese Sorte kostete. Unterdessen ist der besondere Wohlgeschmack auch wissenschaftlich belegt. 'Mieze Schindler' war nie eine Sorte für den grossflächigen Anbau; da sie die Jahrzehnte wie keine andere Sorte einzig in den Hausgärten vor allem im Raum um Dresden überlebte, ist sie ein Beispiel dafür, dass im privaten Garten die Kultur von empfindlichen und weniger ertragreichen Sorten durchaus seinen Platz hat, wenn die Qualität stimmt.

'Mieze Schindler' hat neben dem sehr attraktiven Äusseren und dem einzigartigen Geschmack auch einen gut gewählten Namen. Das war vielleicht von Professor Schindler nicht so beabsichtigt, der die Sorte nach seiner Frau Maria mit dem Spitznamen Mieze benannte. Der Name lässt der Fantasie freien Lauf – in Innsbruck gibt es sogar ein Kaffeehaus namens «Mieze Schindler», das mit der sinnlich-verführerischen Note und Besonderheit dieser einmalig süssen Erdbeere wirbt.

Oberschlesien

Deutschland 1919

Die Spätsorte 'Oberschlesien' wurde von Professor Schindler 1914 in Dresden-Pillnitz gezüchtet und 1919 in den Handel gebracht ('Jucunda' x 'Sharpless'). Sie war für damalige Begriffe ausserordentlich ertragreich, robust und tauglich für den Feldanbau, wenn sie auch geschmacklich wenig zu bieten hat.

Bis in die frühen 1950er-Jahre war 'Oberschlesien' eine der ertragreichsten Erdbeersorten im Erwerbsanbau und erreichte 1963 in Deutschland immer noch einen Marktanteil von 8 %. Später wurde sie durch 'Senga Sengana' als Verwertungsfrucht verdrängt. Insgesamt ist die Sorte wenig anspruchsvoll und sehr anpassungsfähig. Die Pflanze wächst sehr stark, ist aber anfällig für Botrytis (Graufäule).

Die Früchte sind mittelgross, stumpfkegelförmig, glänzend rot und festfleischig (daher transportfähig) und haben einen auffallend kleinen Kelch. Oft reifen sie an der Spitze nicht vollständig aus. Da die Frucht einen hohen Trockenmassegehalt hat, ist sie zum Einkochen gut geeignet.

Ostara

Niederlande 1969; Syn.: Thurgauer Dauerernte

Diese Kreuzung ('Red Gauntlet' x 'Macherauchs Dauerernte') ist seit 1969 im Handel. Die Sorte wächst stark, die Früchte sind mittelgross und später kleiner werdend. Die Form ist regelmässig, spitz- bis stumpfkegelförmig und leicht kantig. Die Früchte sind hellrot gefärbt, die Samen meist gelbgrün, das Fruchtfleisch ist hellrosa gefärbt.

'Ostara' beginnt spät zu blühen und zu fruchten, dafür erscheinen kontinuierlich ab Mitte Juni bis zum ersten Frost Blüten und Früchte. Der überaus reiche Blütenansatz sollte unbedingt ausgedünnt werden (lediglich fünf Blüten pro Fruchtstand belassen), ansonsten bleiben die Früchte sehr klein.

Osterfee

Deutschland 1917

Diese alte Frühsorte wurde von Franz Goeschke (Köthen) gezüchtet und 1917 in den Handel gebracht. Die Früchte und der Wuchs machen diese Sorte zum Inbegriff der «alten Erdbeersorte». Die kleinen Früchte sind sehr schön regelmässig oval geformt. Sie besitzen einen Hals und einen aufsitzenden Kelch. In der Form erinnern sie an kleine rote Glühbirnen mit gelben Punkten (das sind die typischen Samen). Die Sorte reift sehr früh (etwa zeitgleich mit 'Senga Precosa') und ist süsssauer im Geschmack. Das Aroma ist nur an guten Standorten und unter guten Witterungsbedingungen befriedigend.

Die Pflanze entwickelt sich bei guter Pflege zu grossen Stöcken, wobei die Blätter im Verhältnis zu modernen Sorten zart und schmal bleiben und auffallend glänzend hellgrün gefärbt sind. Die Sorte ist relativ robust gegenüber Grauschimmel (Botrytis) und zeigt oft keine anderen Krankheiten. Sie wurde wegen ihrer Frühreife in der Schweizer Sortenzüchtung eingesetzt und ist Elternteil der Schweizer Erdbeersorte 'Wädenswil 1'.

Panther

Deutschland 1914

Die mittelfrühe Sorte 'Panther' wurde von Franz Goeschke (Köthen) 1914 herausgegeben. Im Erwerbsanbau spielte sie in Deutschland nie eine Rolle, in der Schweiz hingegen war sie weit verbreitet. In Hausgärten baute man sie wegen ihres sehr guten Geschmacks und ihrer Süsse gern an. Die eher grossen Früchte sind glänzend dunkelrot gefärbt (auch das Fruchtfleisch) und eher fest. Sie sind im üppigen Laub versteckt.

Erstlingsfrüchte sind oft breiter und rundlich, die weiteren kurzkegelig bis herzförmig. Die Samen liegen in mitteltiefen Mulden und sind ebenfalls dunkel gefärbt. Die Pflanze ist robust und wenig krankheitsanfällig.

Red Gauntlet und Talisman

Schottland 1957 resp. 1955

Robert D. Reid brachte diese Sorte heraus ('New Jersey 1051' (='Royal Sovereign' x 'Howard 17') x 'Auchincruive Climax'). Ziel der schottischen Erdbeerzüchtung in den 1950er-Jahren war es, eine gegenüber der Roten Wurzelfäule widerstandsfähige Sorte zu finden. Denn die bis dahin in Schottland verbreitete Hauptsorte 'Auchincruive Climax', die ebenfalls von Robert D. Reid gezüchtet worden war und der Roten Wurzelfäule widerstehen konnte, war von der rätselhaften «June Yellow Disorder» befallen und faktisch wertlos geworden. Die Resistenzzüchtung gelang mit den Sorten 'Talisman' und 'Red Gauntlet'.

'Talisman' (Bild unten) ist gegen einige Stämme von *Phytophtora fragariae* (Rote Wurzelfäule) resistent und

reift mittelspät. Die Primärfrüchte weichen von den später erscheinenden Früchten oft in Form und Grösse ab, erstere sind oft breit-nierenförmig, letztere kegelförmig und nicht selten seitlich etwas zusammengedrückt. Der Kelch lässt sich nur schwer entfernen. Die Pflanze bildet dichte Hochbüsche und hat kleine, schmale, zungenförmige Blütenblätter. Die Sorte ist dadurch auch ohne Früchte gut gekennzeichnet. Im Spätsommer und Herbst bringt sie oft eine zweite kleine Ernte. Obwohl 'Talisman' wesentlich aromatischer als 'Red Gauntlet' ist, konnte sie sich ihr gegenüber nicht in grösserem Umfang durchsetzen. Denn 'Talisman' ist ertragsärmer, und die Früchte sind mit Ausnahme der Erstlingsfrüchte deutlich kleiner.

'Red Gauntlet' (Bild oben) ist eine mittelspäte grossfrüchtige Sorte mit geringen Bodenansprüchen. Sie ist ausserdem widerstandsfähig gegen Mehltau, Wurzelkrankheiten und Blattfleckenkrankheit, aber anfällig für Graufäule (Botrytis). Die orangeroten Früchte sind fest, unregelmässig stumpfkegelförmig mit meist eingedellter Spitze, gut transportierbar und lassen sich leicht mit dem Kelch pflücken. Dieser ist eingesenkt und haftet an den Früchten, daher muss er bei der Zubereitung weggeschnitten werden.

Im Geschmack ist 'Red Gauntlet' säuerlich und ausgesprochen fade. Dennoch konnte sie sich am Markt gut durchsetzen, denn sie bringt einen hohen Ertrag mit sehr grossen Früchten. Diese können zu hohen Preisen («Klasse Extra») verkauft werden. 'Red Gauntlet' neigt dazu, im Herbst nochmals zu fruchten. Darum wurde die Sorte in der Züchtung immertragender Gartenerdbeeren eingesetzt.

Regina und Macherauchs Früherernte

beide Deutschland 1951

In den 1940er-Jahren begannen Reinhold von Sengbusch und Friedrich Gruber am brandenburgischen Kaiser-Wilhelm-Institut in Müncheberg (später Max-Planck-Institut) mit der systematischen Erdbeerzüchtung, bei der amerikanische und deutsche Sorten gekreuzt wurden. Die Frühsorten 'Regina' und 'Macherauchs Früherernte' entstanden 1951 aus einer Kreuzung (amerikanischer Sämling x 'Deutsch Evern').

Die beiden Sorten lösten bald 'Deutsch Evern' als Standardfrühsorte in vielen Teilen Europas ab. 'Regina' (Bild oben) ist frühreifend und angenehm süsssauer. Die Früchte haben ein ungewöhnliches Aussehen: lange kegelförmige Früchte mit hoch aufsitzendem, auffallend grossem Kelch. Sie sind hellrot, und abgesehen von den Erstlingsfrüchten klein bis mittelgross. Bei reichem Fruchtansatz bleiben die Beeren klein. Der Ertrag ist für eine Frühsorte relativ hoch, generell ist der Ertrag aber bei den alten Frühsorten geringer als bei den später reifenden. Ein Nachteil von 'Regina' ist die relativ grosse Anfälligkeit für Mehltau und Spätfrost wegen der frühen Blüte. Die Abstammung von 'Deutsch Evern' zeigt sich an der nachteiligen Eigenschaft, dass die mittelgrossen Früchte mit laufender Ernte kleiner werden.

'Macherauchs Früherernte' (ohne Bild) erlangte bald grosse Bedeutung in vielen Teilen Europas als Standardfrühsorte bis in die 1970er-Jahre hinein. Im österreichischen Erwerbsanbau konnte sich die Sorte nicht so durchsetzen wie ihre Schwester 'Regina'. In manchen deutschen Anbaugebieten wurde 'Macherauchs Früherernte' jedoch vorgezogen: 'Macherauchs Früherernte' hat ähnliche Eigenschaften wie die Schwesternsorte 'Regina', ist aber weniger anfällig für Blütenfrost, dafür stärker anfällig für Mehltau. Als Qualitätsfrucht mit süsssäuerlich aromatischem Geschmack und ansprechendem Äusserem ist 'Macherauchs Frühernte' in erster Linie für den Rohgenuss geeignet, weniger für die Verwertung. Besonders geeignet ist sie für die Treiberei und den gärtnerischen Anbau.

'Regina' und 'Macherauchs Frühernte' wurden später von der noch früher reifenden 'Senga Precosa' als Standardfrühsorte abgelöst.

Royal Sovereign

England 1898

'Royal Sovereign' ist eine alte englische Frühsorte, die 1892 von Thomas Laxton gezüchtet wurde ('Laxton's Noble' x 'King of the Earliest') und 1898 in den Handel kam. Bereits 1952 stellte K. P. Thiele fest, dass die Sorte früher kräftig und heute nur mehr schwach wächst, was vermutlich auf ein Nachlassen der Vitalität infolge von Virusbefall zurückzuführen ist.

Typisch für die Sorte sind weinrot überlaufene Ausläufer und der lockere, flache Wuchs. Die Früchte sind leuchtend hellrot, mittelgross, hoch gebaut, meist kegelförmig mit abgerundeter Spitze. Der Samen ist aufsitzend. Das Fruchtfleisch ist hellrosa, manchmal auch rot, fest und von köstlichem süss-aromatischem Geschmack. Die Sorte hielt sich über 70 Jahre im Anbau, ihre besonderen Vorzüge sind die frühe Reife, der gute Geschmack und der ursprünglich hohe Ertrag. Sie ist jedoch anfällig für Mehltau, Milben und Viruserkrankungen und verlangt sehr gute Pflege, sonst befriedigt sie nicht. Sie wurde schon 1936 als Liebhabersorte bezeichnet. 'Royal Sovereign' ist eine Elternsorte von 'Madame Moutôt'.

Senga Precosana

Deutschland 1966

Der deutsche Züchter Reinhold von Sengbusch testete zunächst die in den 1940er-Jahren zum Frosten verwendeten Sorten mit dem Ziel, eine «ackerfeste» Sorte für die Verarbeitung zu züchten. Der Begriff «ackerfest» umfasst die Sorteneigenschaften ertragreich, widerstandsfähig gegen Krankheiten und breit anbaufähig.

Aus Kreuzungen mit der aus Amerika stammenden festfleischigen, aber geschmacklich unbefriedigenden Sorte 'Markee' mit aromatischen europäischen Sorten prüfte er 1944 etwa 40 000 Sämlinge und testete die Früchte von 10 000 selektierten Einzelpflanzen. Von Sengbusch wählte die Kreuzungspartner nicht ausschliesslich aufgrund ihrer verarbeitungstechnischen Eigenschaften als Kreuzungspartner aus, sondern vor allem wegen der geringen genetischen Verwandtschaft zwischen dieser und den europäischen Zuchtsorten. Nach seinem Volltreffer 'Senga Sengana' kreuzte er unter anderem die Frühsorte 'Regina' mit einem seiner zahlreichen festfleischigen Sämlinge und erhielt so 1966 die früh reifende, süsse und aromatische Sorte 'Senga Precosana'.

Die Beeren sind gross, gleichmässig spitzkegelförmig, leuchtend orangerot und haben aufsitzende Samen. Das Fruchtfleisch ist mässig fest, aber ausreichend transportfähig. Die Pflanze ist stark wachsend und macht reichlich Ausläufer. Auffallend ist der nach oben gebogene Blattrand. Die Sorte bevorzugt schwere Böden, auf leichten Böden bleibt der Ertrag zurück.

Senga Sengana

Deutschland 1954

Diese Sorte von Sengbusch ist eine Kreuzung 'Markee' x 'Sieger' und kam 1954 auf den Markt. Ihre Entwicklung war ein Meilenstein in der Erdbeerzüchtung, und viele neue Sorten müssen sich noch heute an ihr messen. Sie ist eine der ältesten Sorten, die noch immer angebaut werden.

In den 1960er- und frühen 1970er-Jahren erreichte 'Senga Sengana' in vielen Ländern Europas einen Marktanteil von über 50 %. 'Senga Sengana' ist ein Virginiana-Typ, das heisst, sie ähnelt in vielen Eigenschaften der 'Virginischen Erdbeere' (Scharlacherdbeere). Sie ist mittelfrüh reifend, ihre Früchte liegen unter dem Laub. Die Frucht ist zunächst mittelgross, im Verlauf der Ernte neigt sie zu Kleinfruchtigkeit. Ihr Geschmack ist süsssäuerlich, mit kräftigem Aroma. Sie stellt keine besonderen Ansprüche an den Boden, ist widerstandsfähig gegen Verticillium-Welke, Mehltau, Trockenheit und Frost, jedoch hoch anfällig für Graufäule, Weissflecken und Wurzelfäule.

Um die Anzahl der Früchte zu reduzieren und damit die Einzelfruchtgrösse zu erhöhen, wird empfohlen, sie erst spät im Sommer auszupflanzen. Die Pflanzen bilden viele Ausläufer und sind stark im Wuchs. 'Senga Sengana' wird heute noch hauptsächlich für die Verarbeitung angebaut, in Polen ist sie immer noch eine wichtige Sorte. In der Schweiz war sie bis Ende der 1970er-Jahre eine Hauptsorte, wird aber schon seit mehreren Jahren kaum mehr angeboten, und auch in Deutschland ist ein Ende absehbar.

Vicomtesse Héricart de Thury

Frankreich 1849

'Vicomtesse Héricart de Thury' ist die älteste aktuell noch vorhandene grossfruchtige Kulturerdbeere. Sie wurde 1845 von M. Graindorge in Bagnolet gezüchtet und erhielt ihren Namen in Erinnerung an die Ehefrau von M. Héricart de Thury, Präsident der Société d'Horticulture de Paris. Vier Jahre später brachten die Obstgärtner Jamin und Durand die Sorte in den Handel. In der Folge wurde diese in der Region Bourg-la-Reine südlich von Paris sehr populär und war auch bald im Angebot anderer Gärtnereien und Baumschulen, und zwar nicht nur in Frankreich, sondern auch in England und in weiteren Teilen Europas. Für die Schweiz wird die Sorte seit

mindestens 1880 angegeben und erscheint bis in die 1930er-Jahre regelmässig in Fachzeitschriften und Katalogen, vor allem im französischsprachigen Landesteil.

In den historischen Sortenbeschreibungen wird 'Vicomtesse Héricart de Thury' als sehr früh reifende Sorte mit konischen bis herzförmigen, dunkelroten Früchten und ausgezeichnetem Geschmack beschrieben. Die Blütenstände sind länger als die Blätter und sehr stark verzweigt. Wenn die Sorte im Frühling getrieben worden ist, soll sie im Herbst eine zweite Ernte bringen.

Wädenswil 6

Schweiz 1960

In der Schweiz ist 'Wädenswil 6' der Inbegriff einer Aromaerdbeere (analog zu 'Mieze Schindler' in Deutschland). Obwohl bereits seit über 40 Jahren im Handel, ist 'Wädenswil 6' hier noch immer die mit Abstand beliebteste Erdbeere im Hausgarten. Sie ist aber auch in Deutschland und Österreich anzutreffen. Das intensiv gewürzte, sortentypische Aroma lässt sich mit keiner anderen Erdbeer-

sorte vergleichen. In Geschmackstests erreicht 'Wädenswil 6' regelmässig einen Spitzenplatz.

'Wädenswil 6' wurde 1954 von Dr. F. Kobel an der Versuchsanstalt Wädenswil (CH) gezüchtet und 1960 als sechste Erdbeerzüchtung des Instituts der kommerziellen Vermehrung übergeben. Sie entstand durch Verkreuzungen verschiedener Sorten, unter Beteiligung von 'Deutsch Evern', 'Osterfee', 'Hansa', 'Mieze Schindler' und anderen.

Typisch für die Sorte sind der Walderdbeergeschmack und die herzförmigen, glänzend dunkelroten Früchte mit ihrem breiten, nüsschenfreien Fruchthals. Die Primärfrüchte sind sehr gross, die Sekundär- und Tertiärfrüchte deutlich kleiner und von rundlicherer Form. Sie haben ein weiches, lockeres Fruchtfleisch und sind daher absolut nicht transportfähig. Bei Überreife werden die Beeren etwas mehlig. Weitere typische Merkmale sind die grossen Blüten, die starke Ausläuferbildung mit entfernt stehenden Jungpflanzen und das grosse dunkelgrüne Laub mit fast kahlen oder spärlich mit vorwärts gerichteten Haaren versehenen Blattstielen.

Neben 'Wädenswil 6' wurden an der Forschungsanstalt Wädenswil seit 1927 acht weitere 'Wädenswiler' in den Handel gebracht; heute sind nur noch die beiden festfleischigen Sorten 'Wädenswil 7' und 'Wädenswil 9' im Handel.

Weisse Ananas

USA 1860; Syn.: White Pine

Die 'Weisse Ananas' ist eine sehr alte Sorte aus den USA, die in Germantown bei Philadelphia um 1860 auftauchte. Als Züchter wird ein «Mr. Lennig» genannt. Der Frucht nach ist sie ein früh reifender Chiloënsis-Typ, das heisst sie ähnelt stark der Chilierdbeere.

Sehr einprägsam sind Aussehen und Aroma der Sorte: Die Früchte sind weiss, an der Sonnenseite mit zartrosa Anflug, höchstens mittelgross, breitrund bis rund und sehr druckempfindlich (Druck hinterlässt bräunliche Stellen auf der Fruchthaut). Die Spitze reift etwas nach. Die Samen sind braun und leicht eingesenkt. Das Fruchtfleisch ist vollkommen weiss. Der Geschmack ist ausserordentlich süss und aromatisch, erinnert etwas an Ananas, mit eigenem Duft und charakteristischer Säure.

Trotz kleiner Früchte kann die Sorte bei guter Pflege und Wässerung etwas Ertrag bringen. Sie bevorzugt schwere, nährstoffreiche Böden und gedeiht in vorzüglicher Gartenerde mit ausreichender Feuchtigkeit am besten. Sie bildet zahlreiche Ausläufer. Das Laub ist typisch matt dunkelgrün mit helleren Stellen und erscheint dadurch gewellt. Eine weitere Besonderheit ist, dass die Sorte an den jungen Ausläufern im Herbst

manchmal ein zweites Mal blüht und fruchtet. Obwohl die 'Weisse Ananas' im Erwerbsanbau kaum je Bedeutung hatte, war sie wegen ihres hervorragenden Geschmacks als Liebhabersorte bei Kennern verbreitet und wurde noch lange Zeit empfohlen.

Wunder von Köthen

Deutschland 1870

Diese Sorte wurde von dem deutschen Obstzüchter Gottlieb Goeschke 1870 gezüchtet und aufgrund ihrer Eigenschaften vor allem für die häusliche und industrielle Verwertung angebaut. Man bezeichnete sie, ebenso wie 'Hansa', wegen ihres durchgehend dunkelrot gefärbten Fruchtfleisches als «Bluterdbeere».

Die Früchte sind mittelgross (werden aber von Jahr zu Jahr kleiner), unregelmässig rundlich, manchmal kantig bis gefurcht, tief dunkelrot, fast schwarzrot. Die Frucht löst sich nicht vom Kelch. Ihr Fruchtfleisch ist fest, sodass sie den (früheren) Ansprüchen an Transportfähigkeit genügte, ihr Geschmack ist leicht säuerlich, mit eher wenig Zucker und Aroma. Die Pflanze setzt sehr viele Blüten und Früchte an und wird dadurch sehr dicht. Oft ist der Fruchtbehang so gross, dass die Fruchtqualität darunter leidet; dann macht es Sinn, einige Blüten oder kleine Früchte auszupflücken, damit die verbleibenden grösser werden. Die Früchte liegen dicht nebeneinander unter dem Laub.

Die hohe Farbstoffkonzentration bedingt, dass beim Erhitzen das Rot nicht vollständig zerstört wird. Im Vergleich zu 'Senga Sengana' haben Bluterdbeeren einen etwa vier bis fünf Mal höheren Gehalt an Anthozyanen, dem roten Farbstoff der Erdbeere. Daher ergeben sie wunderschön rot gefärbte Erdbeermarmelade oder Erdbeerkonfitüre, die kaum ihre Farbe verändert, und eignen sich besonders gut für die Kompottzubereitung, aber auch für Saft und Wein. Im Gegensatz zu den meisten anderen Sorten, die als Kompott bald grau und unansehnlich werden, verlieren sie kaum ihre Farbe. Neben der Sortenwahl fördert ein schonendes Erhitzen und die Zugabe von Zucker und Säure die Stabilität der Farbe. Darum werden Erdbeeren gern mit saurem Rhabarber eingekocht.

Heute gelten dunkelrot gefärbte Sorten als unverkäuflich und werden nicht mehr gezüchtet, da man die Früchte für überreif und verdorben halten könnte.

Scharlacherdbeeren *(Fragaria virginiana)*

Maikönigin

England 1857; Syn.: Reine de mai, May Queen

'Maikönigin' wurde 1857 von William Nicholson im englischen Egglescliffe entwickelt. Die Sorte gibt das Bild einer typischen Scharlacherdbeere ab *(Fragaria virginiana)*. Möglicherweise wurde auch in diese Sorte schon einmal mit einer Ananaserdbeere oder Chilierdbeere gekreuzt, sie zeigt aber deutlich typische Merkmale der Scharlacherdbeere: frühe Reife, starke Ausläuferbildung, Weissfleischigkeit und aromatischen Geschmack. Der Kelch löst sich ohne Zapfen wie bei der Walderdbeere.

Die Früchte sind von eher kleiner bis mittlerer und ungleicher Grösse, aber relativ regelmässiger Form, rund, manchmal auch breiter als lang und stehen in einem stark und bereits dicht über der Basis lang verzweigten Fruchtstand. Die Früchte sind orange bis zinnoberrot gefärbt, mit in Grübchen sitzenden gelben Samen. Das Fruchtfleisch ist weiss, voll, saftig, schmelzend, mild säuerlich, sehr süss und mit viel Gewürz. Die Sorte wurde in den 1880er-Jahren als frühe Treibsorte verwendet. Auch heute noch kann sie für den Hausgarten als Frühsorte mit langer kontinuierlicher Ernte empfohlen werden.

Chilierdbeeren *(Fragaria chiloënsis)*

Lucida perfecta

Frankreich 1861

'Lucida perfecta' wurde 1861 von Ferdinand Gloede aus 'British Queen' x 'Lucida' gezüchtet. Sie war in der zweiten Hälfte des 19. Jahrhunderts und in den ersten Jahrzehnten des 20. Jahrhunderts eine weit verbreitete Sorte.

Die relativ derben, glänzend dunkelgrünen Blätter, die eingeschlechtlichen (weiblichen) Blüten, der flache, anliegende Wuchs und die liegenden Fruchtstände sind typische Merkmale von 'Lucida perfecta'. Sie weisen auf die nahe Verwandtschaft mit der Chilierdbeere *(Fragaria chiloënsis)* hin.

Die Beeren sind für heutige Verhältnisse klein, herz- bis rundlich kegelförmig, etwas ungleichmässig hell- bis mittelrot gefärbt und haben einen festsitzenden Kelch. Das Fruchtfleisch ist weich, im Zapfenbereich rot, sonst weiss und angenehm aromatisch. Die Frucht ist kaum transportfähig und sehr druckempfindlich. Sie war deshalb auch früher eine typische Liebhabersorte für den Hausgarten und wurde kaum erwerbsmässig angebaut.

'Lucida perfecta' macht reichlich Ausläufer und gilt in der historischen Literatur als wenig anspruchsvoll bezüglich Boden und Klima. Als ausgesprochener Tiefwurzler vermag sie Trockenperioden leicht zu überstehen. Wegen ihrer Anspruchslosigkeit und ihrer für frühere Verhältnisse ausgesprochen regelmässigen Form wurde 'Lucida perfecta' auch für Züchtungen verwendet. Der Ertrag ist aus heutiger Sicht allerdings gering.

Die Bestätigung der Sortenidentität von 'Lucida perfecta' der ProSpecieRara-Beerensammlung steht noch aus.

Florika

Deutschland 1989

'Florika' ist eine so genannte Wiesenerdbeere *(Fragaria x vescana)* und durch Kreuzung einer Walderdbeere und einer Gartenerdbeere entstanden. Die zwei Arten kreuzen sich in der Natur nicht, nur mit modernen Züchtungsmethoden kann die Befruchtung herbeigeführt werden. 'Florika' ist seit 1989 im Handel.

Die Früchte sind 3–4 Zentimeter gross (also im Vergleich zu anderen Gartenerdbeeren mittelgross bis klein), vorwiegend breitrund, vereinzelt nierenförmig und von glänzender mittelroter Farbe. Typisch ist, dass diese Sorte sich ebenso leicht kelchfrei pflücken lässt wie die Walderdbeere. Der Fruchtzapfen ist bei der Wiesenerdbeere oft stark reduziert.

Die Früchte reifen im Juni und schmecken süss nach Walderdbeeren. Das Fruchtfleisch ist leicht unregelmässig orangerot, die Samen sitzen etwas eingesenkt auf der Frucht. Trotz ihrer Weichfleischigkeit ist die Wiesenerdbeere gut zum Frosten geeignet, denn durch die feste, zähe Haut bleibt die Form der Früchte und das Aroma in der ursprünglichen Intensität erhalten.

Der Anbau sollte als «Erdbeerwiese» erfolgen – dazu werden drei bis vier Pflanzen pro Quadratmeter ausgepflanzt und deren Ausläufer nicht entfernt. Die Anzahl der Ausläufer ist gross und bedeckt rasch die gesamte Fläche. Die Früchte liegen auf dem Laub. Diese «Erdbeerwiese» kann sechs bis acht Jahre lang ohne Neupflanzung genutzt werden.

Vereinzelt ist die Sorte heute auf Selbstpflückanlagen, häufiger bei Selbstversorgern im Hausgarten zu finden. Wenngleich der Ertrag pro Pflanze gering ist, kann er pro Fläche bei dichtem Bestand beträchtlich sein. Im Erwerbsanbau konnte sich die Wiesenerdbeere nicht durchsetzen, unter anderem wegen der Unkrautbekämpfung, die unmöglich maschinell vorgenommen werden kann, bevor der Bestand geschlossen ist. Neben 'Florika' ist auch die ältere Sorte 'Spadeka' im Handel erhältlich.

Die Himbeere

Königin der Beeren

Volksname und Volksglaube

Der Name der Himbeere (durch Lautangleichung hervorgegangen aus dem althochdeutschen Wort *hintperi*) leitet sich aus der altnordischen und angelsächsischen Vokabel hind (Hirschkuh) ab und bedeutet also «Beere der Hinde», der Hirschkuh. Noch im 19. Jahrhundert war die Bezeichnung Hindbeere stellenweise gebräuchlich.

Die Blätter und die zarten Triebspitzen werden tatsächlich gern vom Rehwild gefressen. Der wissenschaftliche Gattungsname *Rubus* bezieht sich auf die roten Früchte. Der Artname *idaeus* stammt aus dem Griechischen und nimmt Bezug auf das Ida-Gebirge in der westlichen Türkei, an dessen Hängen nach einer Legende die Himbeere massenhaft vorgekommen und gesammelt worden sein soll (es gibt auch einen Berg Ida auf Kreta, aber da es in der ganzen Ägäis keine Himbeeren gibt, nimmt man heute an, dass der türkische Berg Ida bei Troja für den Namen herhalten musste). Weitere Volksnamen sind Honigbeere, Himmelbeere, Himpelbeere, Madebeere, Mollbeere, Hohlbeere, Katzenbeere und Ambas.

Im Aberglauben hat die Himbeere im Vergleich etwa zur Brombeere insgesamt wenig Bedeutung. Dies liegt wohl nicht zuletzt daran, dass im Altertum und im Mittelalter nicht scharf zwischen Brombeeren und Himbeeren unterschieden wurde. Eine Bauernregel sagt: Wie die Himbeeren reifen, so reift das Korn. Entsprechend einem sächsischen Aberglauben soll man einem verhexten Pferd einen Zweig der wilden Himbeere um den Leib binden, um es zu kurieren.

Die Kulturgeschichte der Himbeere

Begleiterin durch die Jahrhunderte

Die europäische Waldhimbeere *Rubus idaeus* wurde bereits in vorgeschichtlicher Zeit gesammelt, wie die zahlreichen Funde von Himbeersamen in Pfahlhaussiedlungen der späten Jungsteinzeit und der Bronzezeit belegen. Sie wurde als Heilpflanze und wegen ihres guten Geschmacks hoch geschätzt. Die Geschichte ihres Anbaus und ihre Existenz als Kulturpflanze ist aber relativ jung.

Es ist wieder einmal der römische Schriftsteller Plinius der Ältere (23/24–79 n. Chr.), der in seinen Schriften eine Frucht mit der griechischen Bezeichnung *ida* erwähnt; man nimmt an, dass die Himbeere gemeint ist. Vermutlich handelte es sich in der Antike bei der Himbeere um eine wilde Sammelfrucht. Palladius, ein römischer Autor aus dem

Zefa 1, vor dem Aufblühen

4. Jahrhundert n. Chr., der die landwirtschaftlichen Kulturen seiner Zeit beschrieb, erwähnt die Himbeere ebenfalls. Auch wurden Samen der Himbeere in Resten römischer Siedlungen in England gefunden; ob diese Samen aber tatsächlich von kultivierten Himbeeren stammen, lässt sich nicht nachweisen.

Gesicherte Berichte über eine Kultivierung liegen aus dem Mittelalter vor. In mittelalterlichen Klöstern und Spitälern wurde die Himbeere angebaut und als Medizinalpflanze und Stärkungsmittel verwendet. Sie wurden damals von den Mönchen aus den Wäldern in die Gärten der Klöster verpflanzt, wie Pietro Andrea Matthioli (1501–1577) für Böhmen berichtet. In der frühen Neuzeit wurde die Himbeere langsam zum Genussmittel. William Turner schrieb 1548, dass Himbeeren in manchen englischen Gärten gepflanzt wurden. Entsprechend dem Kräuterbuch des Conrad Heresbach, *Rei Rusticae Libri Quatuor* von 1571, scheint die Himbeere Anfang des 16. Jahrhunderts zwar bekannt, aber noch von untergeordneter Bedeutung gewesen zu sein. Man nannte sie damals «Hyndbeere».

1629 beschrieb John Parkinson in seinem Werk *Paradisi in Sole Paradisus Terrestris* rote, weisse und stachellose Himbeeren, die für das englische Klima geeignet seien, und bemerkte, dass diese gern im Sommer am Nachmittag von Kranken wie auch Gesunden genossen würden. Richard Weston schreibt erstmals 1780 über eine zweimal tragende Himbeere. Gelbe Himbeeren sind seit 1588 (Joachim Camerarius) bekannt und wurden als *Rubus idaeus leucocarpus* beschrieben.

Im Verlauf des 19. Jahrhunderts wurde die Himbeere als Gartenpflanze für den Selbstversorgeranbau beliebt, zuerst in England und Frankreich, in der zweiten Jahrhunderthälfte auch im deutschsprachigen Raum. Für den Markt hingegen wurden weiterhin meist Waldhimbeeren gesammelt, obwohl Himbeeren eine begehrte und gut bezahlte Marktware waren. Teilweise wurden die kostbaren Früchte auch exportiert: 1891 wird berichtet, dass vom französischen Dijon, in dessen Umgebung zahlreiche Himbeeren wuchsen, Hunderte von mit Himbeeren gefüllten Fässern nach England geschickt wurden. Sie wurden an ihrem Bestimmungsort hauptsächlich für die Konserven- und Branntweinfabrikation verwendet.

Erst gegen Ende des 19. Jahrhunderts begannen einige Obstbauern, die Himbeere im grossen Stil anzubauen. Parallel dazu entwickelte sich die verarbeitende Industrie (Himbeersaft, -sirup, -marmelade bzw. -konfitüre). Um 1890 war die Obstkonservenindustrie in Deutschland zu einem aufblühenden Gewerbezweig geworden: Die deutschen Obstkonserven genossen am internationalen Markt einen guten Ruf. Durch die neue Nachfrage nach qualitativ hochwertigem Beerenobst nahm auch der Erwerbsanbau von Beeren in der Umgebung von Konservenfabriken zu, und die Ansprüche an Sorten, Reifegrad, Sortierung, Verpackung und Transport der Beeren stiegen.

Wichtig für den professionellen Himbeeranbau war die Grösse der Beeren und die Ertragsleistung. Gelbe Himbeeren waren für die Konserven nicht gesucht, ebenso wenig kleinfrüchtige Sorten. Auch Herbstsorten kamen für einen professionellen Anbau nicht in Frage, weil die damaligen Sorten nur in günstigen Jahren ausreifen konnten. Obwohl in der Gegend von Metz vorzügliche, allerdings sehr weichfleischige Himbeeren angebaut wurden ('Metzer grossfrüchtige Himbeere'), überstanden sie oft nicht den Transport bis in die rheinischen Konservenfabriken, sodass deren Bedarf an Himbeeren selten ganz gedeckt werden konnte.

Ein Grund dafür war nicht zuletzt der Mangel an geeigneten Sorten für den Erwerbsanbau. Die meisten amerikanischen Erwerbssorten erwiesen sich unter europäischen Bedingungen als wenig geeignet. Eine Ausnahme bildete die bereits in Amerika erfolgreiche 'Marlboro', die wegen ihres aufrechten Wuchses, des hohen Ertrags und der relativ festen Früchte als eine der besten Sorten für den Erwerbsanbau galt. Von Nachteil waren jedoch die geringe Süsse und die hohe Anfälligkeit für Rutenkrankheiten. Durch die Einführung der besser angepassten englischen Sorte 'Lloyd George' erfuhr der europäische Himbeeranbau in den 1930er-Jahren einen bedeutenden Aufschwung.

Trotz zunehmenden Anbaus belieferten auch in den ersten Jahrzehnten des 20. Jahrhunderts vielerorts wild gesammelte Himbeeren einen Grossteil des lokalen Marktes, insbesondere in den waldreichen Alpengebieten Österreichs und der Schweiz. Noch um 1900 waren Gartenhimbeeren seltener und am Wiener Markt wesentlich teurer als Waldhimbeeren. Allerdings konnte durch das Sammeln von Waldhimbeeren die wachsende Nachfrage in Städten und Kurorten immer weniger gedeckt werden. Wegen der weichen Früchte und der damit verbundenen geringen Transportfähigkeit wurde ein vermehrter Anbau in der Nähe des Verbrauchs unumgänglich.

Die US-Amerikaner hatten das wirtschaftliche Potenzial des Beerenerwerbsobstbaus als Erste erkannt. Zunächst wurden die europäischen Himbeersorten der Art *Rubus idaeus* importiert. Da diese zu weichfrüchtig waren, die harten Winter und heissen Sommer oft nicht überstanden und die Eigenschaft hatten, über einen langen Zeitraum hinweg kontinuierlich abzureifen (was für den Erwerbsanbau hinderlich, wenn auch im Hausgarten gewünscht ist), wurden sie bald verworfen, obwohl man ihnen einen besseren Geschmack und grössere Früchte zugestand.

Himbeere in Vollblüte

Von den rund 100 aus Europa eingeführten Sorten waren in den USA um 1900 gerade noch etwa fünf bis sechs Sorten gebräuchlich. Den grössten Teil der angebauten Sorten machten bereits amerikanische Züchtungen aus. Neben Sämlingen aus europäischen Sorten wurden ab etwa 1850 vermehrt auch neue Sorten auf der Basis der amerikanischen Himbeere *Rubus strigosus* und anderer Rubus-Arten entwickelt. Durch Verkreuzungen von amerikanischen und europäischen Sorten erhoffte man sich eine Steigerung der geschmacklichen Qualitäten bei gleichzeitiger Verbesserung der Anbau- und Transporteigenschaften.

Rund um New York fand bereits Mitte des 19. Jahrhunderts Himbeeranbau im grossen Stil statt. Bis 1881 war die Sorte 'Hudson River Antwerp' Grundlage dieses grossen Industriezweigs am Ufer des Hudson. In der Nacht wurden Bootsladungen voller Himbeeren auf Frachtschiffe nach New York geladen; der Duft war noch am anderen Ufer zu riechen. Viele hundert Hektaren dieser Himbeersorte, deren Ursprung in Europa liegt und die um 1817 nach Amerika gebracht wurde, wurden am Westufer des Hudson angebaut. Die Beeren wurden in kleine Weidenkörbe von einem *pint* (entspricht 0,473 Liter) Fassungsvermögen gepflückt und anschliessend in Steigen gepackt, die dafür vorgesehen waren. Die Zeitung *New York Tribune* berichtete im Sommer 1879: «Das Dorf Highland gegenüber von Poughkeepsie liefert täglich ein Beerenboot nach New York, und die grossen Nachtfrachtdampfer bringen jeden Abend immense Ladungen an Himbeeren von den Städten am Fluss; sie haben fast 2000 Scheffel Himbeeren an Bord.»

Neben der roten Himbeere spielte in Nordamerika die schwarzfrüchtige Himbeere *Rubus occidentalis* eine herausragende Rolle. Die schwarze Himbeere ist eine recht produktive Art mit gleichmässigen, relativ festen, schwarzen Beeren, die innerhalb kurzer Zeit reifen; der Fruchtzapfen bleibt wie bei unserer Himbeere an der Pflanze und löst sich aus der Frucht. Die Sorte wurde auch 'Sibirische Himbeere' genannt. Nicholas Longworth holte eine wilde schwarze Himbeere dieser Art 1832 in seinen Zuchtgarten in Cincinnati (Ohio) und brachte sie unter dem Namen 'Ohio Everbearing' in den Anbau.

Mit der verbesserten Sorte 'Doolittle' fasste die schwarze Himbeere um 1850 im Erwerbsanbau und in der Himbeerzüchtung Fuss. Die Beere eignete sich gut zum Dörren und war so beliebt, dass sie bis Anfang des 20. Jahrhunderts den Anbau der roten Himbeeren mengenmässig übertraf. Vielerorts entstanden Dörrfabriken. 1925 wurden in den USA in den wichtigsten Katalogen um die 30 Sorten schwarze Himbeeren, 50 Sorten rote Himbeeren und fünf violette Himbeeren angeboten. Einen Rückschlag erlitt der Anbau der schwarzen Himbeere durch die Ausbreitung verschiedener Pilzkrankheiten, wie zum Beispiel der Brennfleckenkrankheit (Anthracnose), auf welche die schwarze Himbeere empfindlich reagiert. Ausserdem kamen mit dem Aufkommen der Dosenfrüchte nach der Jahrhundertwende die gedörrten Beeren aus der Mode, und damit wurden wiederum rote bzw. violette Himbeeren (wie zum Beispiel 'Shaffer's Colossal') wichtiger.

Gegen Ende des 19. Jahrhunderts wurden schwarze Himbeeren und ihre violettroten Hybridformen mit der roten Himbeere (zum Beispiel 'Shaffer's Colossal') auch in Europa bekannt. In Deutschland nannte man Sorten, die im Charakter zwischen Brombeeren und Himbeeren lagen und nicht der gängigen Vorstellung von Brombeere noch Himbeere entsprachen, «brombeerartige Himbeeren». Sie wurden unter diesem Namen von W. Kliem in Gotha in den 1880er-Jahren in Deutschland eingeführt und vertrieben und in verschiedenen gärtnerischen Zeitschriften besprochen. Er lobte diese schwarzen «Hybridsorten» wegen ihrer festeren Früchte, ihrer Robustheit gegen Krankheiten, ihres guten Ertrags und ihrer geringeren Wurzelausläuferbildung. Viele Zeitgenossen von Kliem waren jedoch nicht so begeistert von den «brombeerartigen Himbeeren», da sie in Geschmack und Aroma den damals gängigen Himbeersorten unterlegen waren.

Die Himbeere heute

Die Bedeutung der Himbeere als Erwerbsfrucht ist steigend. Weltweit nahm die Himbeerproduktion in den vergangenen zehn Jahren um ganze 49 % auf über 470 000 Tonnen zu. Die verarbeitende Industrie und Hersteller von Obstkonserven haben zum Grossteil ihren Standort in Billiglohnländer verlagert. Grosse Erwerbskulturen sind noch selten. Selbst in Polen, einem der wichtigsten Anbauländer für Himbeeren, beträgt die durchschnittliche Grösse einer Himbeeranlage lediglich 25 Aren. Heute stammen 96 % der Weltproduktion an Himbeeren aus Europa, wobei Russland mit 175 000 Tonnen der wichtigste Erzeuger ist. Riesige Mengen an wild gesammeltem Beerenobst werden auch heute noch auf den sibirischen Märkten angeboten, und entsprechend der Landesfläche und dem für Beerenobst günstigen Klima ist die Produktion dort gross. Die besonders aromatischen Waldhimbeeren werden aber nicht nur in Russland, sondern auch im Bayerischen Wald, in Polen und in den Balkanländern gewerblich gesammelt.

In der Schweiz wurden 2005 1350 Tonnen Himbeeren produziert, wobei die Menge an Herbsthimbeeren seit kurzem um Weniges die der Sommerhimbeeren übertrifft. Himbeeren sind in der Schweiz hinter der Erdbeere das zweitwichtigste Beerenobst. Die Anbaufläche der Himbeere hat sich hier in den vergangenen 20 Jahren verdoppelt, die

Tendenz ist weiterhin steigend – nicht zuletzt, da die Himbeere pro Fläche gute Renditen abwerfen kann und als frische Marktfrucht aufgrund der schlechten Transportierbarkeit im Nahbereich gegenüber Importware klar im Vorteil ist.

Schwarze Himbeere – auch Himbeerruten können entzücken …

In Österreich spielt die Himbeere mit etwa 150 Hektaren Anbaufläche (2003) wirtschaftlich noch eine untergeordnete Rolle. Die wichtigsten Anbaugebiete sind Niederösterreich und die Steiermark. Die Anzahl der Betriebe und die Anbauflächen nehmen jedoch auch hier seit Jahren zu.

Botanik und Verwandtschaft

In Mitteleuropa kommen zahlreiche Arten der Gattung *Rubus* vor. Eine davon, *Rubus idaeus*, ist die wilde europäische Waldhimbeere. Sie unterscheidet sich von der nah verwandten Brombeere durch die Früchte, die sich bei der Reife leicht vom gewölbten Fruchtboden (Zapfen) lösen.

Das natürliche Verbreitungsgebiet der Waldhimbeere ist gross. Sie wächst im mittleren und nördlichen Europa und in Sibirien bis zum 70. nördlichen Breitengrad. Man trifft sie vor allem auf sickerfrischen Waldschlägen und Waldverlichtungen sowie in verbuschten Steinschutthalden an. In südlichen Gebieten wächst sie eher im Gebirge. Eine sehr nah verwandte Himbeerart, die amerikanische Waldhimbeere, *Rubus strigosus*, ist in Nordamerika zwischen Neufundland und British Columbia (südwärts bis North Carolina) beheimatet. Sie ist an das kontinentale Klima angepasst, kann kalte Winter

Hauensteins Gelbe – eine typische Sorte für den Hausgarten

und heisse Sommer besser ertragen als die europäische Schwesterart und wächst gut auf leichten, nährstoffarmen Böden.

Die europäische und die amerikanische Waldhimbeere sind sich derart ähnlich, dass sie oft nur als Unterart oder Varietät derselben Art betrachtet werden. Sie bilden die Stammeltern unserer heutigen Kulturhimbeeren und unterscheiden sich vor allem durch die vorhandenen *(Rubus strigosus)* bzw. fehlenden *(Rubus idaeus)* Stieldrüsen an den Kelchblättern und Blütenstielen und ihre eher runde *(Rubus strigosus)* bzw. länglich konische *(Rubus idaeus)* Fruchtform.

Die Variabilität der Waldhimbeere ist bereits in der Natur ausserordentlich hoch und spiegelt die Vielfalt an Typen wider, die wir auch bei den Kulturhimbeeren beobachten können: Die Pflanzen sind hoch- oder niederwüchsig, machen viele oder fast keine Ausläufer, die Früchte sind hell- oder dunkelrot (sehr selten auch gelb), glänzend oder matt, die Triebe dicht bestachelt oder völlig stachellos.

Neben der Waldhimbeere gibt es zahlreiche weitere Himbeerarten, die bei uns allerdings weniger bekannt sind. Eine davon ist die schwarze Himbeere *Rubus occidentalis*, die in der gemässigten Zone Nordamerikas heimisch ist. Die Art unterscheidet sich von der roten Waldhimbeere vor allem durch ihre schwarzen Beeren, ihren übergebogenen rankenden Wuchs und ihren arteigenen Geschmack. Sie wird vor allem in Nordamerika verbreitet angebaut. Weitere kaum bekannte und vor allem als Ziersträucher wertvolle Himbeerarten sind die ostasiatische Erdbeerhimbeere *(Rubus illecebrosus)* und die Japanische Weinbeere *(Rubus phoenicolasius)* sowie die nordamerikanische Lachshimbeere *(Rubus spectabilis)*. Als Obstarten besitzen sie geringen Anbauwert. Ein Teil davon wurde allerdings in unsere modernen Kulturhimbeeren eingekreuzt.

Die Himbeere ist ein Halbstrauch, dessen oberirdische Teile einen zweijährigen Entwicklungszyklus durchlaufen. Im Frühling des ersten Jahres bilden sich aus den Knospen am Wurzelhals und an den Wurzeln neue Bodentriebe, die bis im Herbst eine Höhe von etwa zwei bis drei Metern erreichen. Bei nachlassendem Längenwachstum beginnen die Triebe ab dem Spätsommer zu verholzen, und in den Blattachseln werden Blütenanlagen angelegt. Im zweiten Jahr entwickeln sich aus diesen Knospen die Blüten- und Fruchttriebe. Nachdem die Triebe Früchte getragen haben, sterben sie ab.

Herbsthimbeeren weisen einen verkürzten Rutenentwicklungszyklus auf: Bereits im ersten Jahr erscheinen ab Mitte Juli in den Blattachseln im oberen Bereich der Jungruten Blütenstände, und Beeren entwickeln sich, die bis Vegetationsende reifen. Die abgetragenen Rutenspitzen sterben im Winter ab, während die unteren Rutenbereiche überwintern und im Folgejahr wie bei Sommerhimbeeren Fruchttriebe entwickeln.

Die Himbeere ist eine aus vielen kleinen «Einzelfrüchtchen» bestehende Sammelsteinfrucht, die sich im reifen Zustand leicht vom gewölbten Fruchtzapfen löst. Sie ist grösstenteils selbstbefruchtend, obwohl sie eine gute Bienenweide darstellt und viel Nektar produziert. Eine Fremdbestäubung verbessert jedoch in jedem Fall den Fruchtansatz und damit den Ertrag.

Tipps für den Hausgarten

Auswahl der Sorten

Es gibt rote, gelbe und schwarze Himbeersorten, Hybridsorten mit amerikanischer Einkreuzung und Sorten, die nur von unserer wilden Himbeere abstammen. Letztere sind heute aus dem Handel verschwunden. Bei fast allen modernen Himbeersorten ist die amerikanische schwarze Himbeere *Rubus occidentalis* eingekreuzt. Einige von ihnen sind einmal tragend, einige sind remontierend; diese werden auch Herbstsorten genannt.

Der Ertrag der einmal tragenden und der remontierenden ist etwa gleich, nur die Erntezeit ist unterschiedlich. Sie haben einen verkürzten Vegetationszyklus und tragen daher bereits am einjährigen Trieb, können aber auch am vorjährigen Holz tragen, ebenso wie Sommerhimbeeren. Je nach Schnitt kann man also bei remontierenden Sorten die Ernte auf den Herbst konzentrieren oder bereits im Sommer auf den Vorjahresruten mit der Ernte beginnen. Wer allerdings eine doppelte Ernte erwartet, wird enttäuscht sein, denn die Erntemenge verteilt sich auf zwei Zeitpunkte. Zwischen Sommer- und Herbstsorten gibt es fliessende Übergänge.

Für die Verwertung (zum Beispiel für Himbeersaft und -marmelade) empfiehlt sich der Anbau der einmal tragenden Sorten. Für die feurige Färbung von Himbeersaft ist übrigens eine Beimengung von schwarzen Himbeeren sehr hilfreich. Es gibt aber auch rote Sorten mit intensiv gefärbtem Fruchtsaft, zum Beispiel die alte Sorte 'Lloyd George'. Früher wurde dies im Erwerbsanbau häufig gemacht, da der Verkaufswert dadurch stieg.

Pflanzen, Vermehren und Schnitt

Himbeersträucher werden am besten im Mai als getopfte Grünpflanzen im Abstand von etwa 50 Zentimetern in der Reihe gepflanzt. Verholzte und ungetopfte Pflanzen müssen während der Vegetationsruhe, vorzugsweise im März bis April, gepflanzt werden. Nach der Pflanzung werden die verholzten Ruten auf eine Länge von 30 Zentimetern zurückgeschnitten. Die Sommerhimbeere trägt nur am vorjährigen Holz und treibt während des Blühens und Reifens neue Ruten, die im nächsten Jahr fruchten. Die abgetragenen Ruten werden gleich nach der Ernte entfernt, damit sich Rutenkrankheiten weniger ausbreiten können und ausreichend Platz für die Entwicklung der Jungruten zur Verfügung steht.

Von den jungen Trieben behält man etwa 14 Stück pro Laufmeter, der Rest wird entfernt, sobald sie etwa 50 Zentimeter hoch sind. Nach der Ernte wird die Anzahl Jungruten auf etwa zehn Stück pro Laufmeter reduziert. Alle Triebe werden an Drahtlinien oder an Pfählen aufgebunden, wobei es verschiedene Methoden gibt. Meist werden bei Sommerhimbeeren alle Triebe auf ein aufrechtes Erziehungsgerüst gebunden, das etwa drei waagrechte Drähte oder Drahtpaare bis auf rund 2 Meter Höhe (je nach Sorte auch höher) hat.

Bei den Herbsthimbeeren werden im Winter die abgeernteten Triebe bodeneben abgeschnitten, wenn man die Ernte auf den Herbst konzentrieren will. Will man aber bereits im frühen Sommer des folgenden Jahres wieder ernten, schneidet man die abgetragenen Rutenspitzen im zeitigen Frühjahr bis auf die obersten überwinternden Knospen zurück. Aus diesen Knospen entwickeln sich nach der Überwinterung fruchtende Seitentriebe wie bei den Sommerhimbeeren. Die Sommerernte setzt in diesem Fall meistens noch vor derjenigen der Sommersorten ein. Bei Herbsthimbeeren ist nur ein einfacheres Erziehungsgerüst notwendig, weil sie nicht so hoch wachsen: ein etwa 80 Zentimeter breites Maschengitternetz in einer Höhe von 80 Zentimetern angebracht bietet den Trieben genügend Halt.

Sehr empfindlich reagieren Himbeeren auf Regen während der Erntezeit. Grauschimmel breitet sich dann rasch auf den Früchten aus, teilweise bereits am Strauch, teilweise kurz nach der Ernte in der Verkaufsschale. Daher werden Erwerbskulturen heute meist durch Überdachung während der Fruchtreife vor Feuchtigkeit geschützt. Für den Hausgarten empfiehlt sich ein regelmässiges Durchpflücken und Entfernen befallener Beeren.

Die Vermehrung roter und gelber Himbeeren erfolgt über Rhizomteile, die im Februar in leichtes, durchlässiges Substrat (z. B. Sand-Pflanzerde-Gemisch) gelegt werden. Die Rhizome werden schwach mit Substrat bedeckt und ständig feucht gehalten. Sobald sich an der Substratoberfläche die ersten Triebspitzen bemerkbar machen, werden die ausgetriebenen Rhizomstücke in Töpfe verpflanzt und stehen dann im Frühling für die Auspflanzung zur Verfügung. Von einem direkten Verpflanzen der Ruten ist abzuraten, da dadurch leicht Krankheiten verschleppt werden können. Für die Vermehrung werden nur gesunde Mutterpflanzen gewählt.

Schwarze Himbeeren lassen sich leicht über die Triebspitzen vermehren: Diese senken sich im Herbst zum Boden. Man kann der Natur nachhelfen, indem man etwas Erde darüber schaufelt. Die Absenker bewurzeln sich bald, und im darauffolgenden Jahr können die neuen Pflanzen im Vorfrühling von der Mutterpflanze getrennt werden.

Standort, Boden, Düngung, Pflanzengesundheit

Japanische Weinbeere – eine Augenweide zu jeder Jahreszeit

Die Himbeere gedeiht auch in Höhenlagen gut und stellt keine besonderen Anforderungen ans Klima. Die meisten Sommerhimbeersorten können noch bis 1300 m.ü.M. angebaut werden, die meisten Herbstsorten bis etwa 900 Meter. In schneereichen Lagen müssen die Ruten von Sommerhimbeeren vor Wintereinbruch zusammengebunden werden. Wenn die Himbeere als Kulturpflanze gute Erträge und süsse Früchte bringen soll, pflanzt man sie auf nicht zu trockenen Boden und nicht in den Schatten. Optimal sind sonnige, etwas nach Süden geneigte Hänge, die nicht zu stark windexponiert sind. Die Himbeere gedeiht jedoch auch im Halbschatten, zum Beispiel als Zwischenpflanzung von Obstanlagen, und wurde früher sogar im Erwerbsanbau auf diese Weise kultiviert. Nach etwa zwölf Jahren sollte man den Standort einer Himbeerpflanzung wechseln und den Boden für andere Kulturen verwenden.

Von allen Strauchbeeren stellt die Himbeere die höchsten Ansprüche an den Boden. Sie benötigt tief gelockerte, durchlässige, gesunde und eher saure Böden mit hohem Humusgehalt (ähnlich den Bodenverhältnissen ihres natürlichen Standorts auf Waldschlägen). Der Bedarf an Nährstoffen ist bei der Himbeere nicht sehr gross. Insbesondere auf Stickstoffüberdüngung und hohen Kalkgehalt reagieren Himbeeren sensibel. Auf staunassen, schlecht strukturierten, biologisch inaktiven und kalkreichen Böden leidet sie leicht an Wurzelkrankheiten wie dem Himbeerwurzelsterben.

Die wichtigste vorbeugende Massnahme für gesunde Himbeerpflanzen ist die Bodenpflege. Als Flachwurzler reagieren Himbeeren empfindlich auf Trockenheit, insbesondere während der Fruchtreifung. Durch regelmässiges Jäten von Hand und eine Bedeckung des Bodens mit lockerem Mulchmaterial (z. B. Rasenschnitt, kein frischer Holzhäcksel) wird die Austrocknung der oberen Bodenschichten vermindert. In trocke-

Reiche Ernte aus dem Zürcher Weinland (Schweiz)

nen Jahren ist unter Umständen auch eine zurückhaltende Bewässerung (z. B. Tröpfchenbewässerung) angezeigt. Auf keinen Fall darf der Strauchstreifen gehackt werden, da dadurch die oberflächlichen Feinwurzeln zerstört würden.

Da die gefürchteten Wurzelkrankheiten der Himbeere nicht direkt bekämpft werden können, haben vorbeugende Massnahmen eine besonders grosse Bedeutung. Neueste Untersuchungen an der Schweizerischen Forschungsanstalt in Wädenswil konnten den positiven Effekt von gutem und reifem Kompost auf die Pflanzengesundheit von Himbeeren nachweisen. Antagonisten im gesunden Boden werden durch die Kompostgaben gefördert und halten als Gegenspieler die Krankheitserreger der Himbeerwurzelkrankheit im Boden in Schach. Der Kompost wird bei Sommerhimbeeren am besten im August, bei Herbsthimbeeren im Februar ausgebracht.

Einmal tragende Sorten (Sommerhimbeeren)

Andenken an Paul Camenzind

Schweiz 1940

Die Sorte 'Andenken an Paul Camenzind' war eine der ersten Schweizer Himbeerzüchtungen und etwa 20 Jahre lang die Haupterwerbssorte in der Schweiz. Obwohl schon seit Jahrzehnten nicht mehr im Handel, trifft man die Sorte in der Schweiz immer noch da und dort in Hausgärten an, allerdings meist in virusbefallenem Zustand.

Der Name der 1928 gezüchteten und 1940 dem Handel übergebenen Sorte erinnert an den damaligen Obergärtner der Forschungsanstalt Wädenswil. Mit der Verkreuzung der bedeutenden Sorten 'Preussen' und 'Lloyd George' erhoffte man sich eine Kombination der positiven Eigenschaften beider Elternteile. Tatsächlich nimmt die Sorte in vielen Merkmalen eine Mittelstellung ein. Die grossen, zapfenförmigen, dunkelroten Früchte lassen den Einfluss von 'Lloyd George' erkennen, die Fruchtfestigkeit und der hohe Wuchs hingegen stammen von 'Preussen'. Ausserdem wird die viel zu starke Ausläuferbildung von 'Lloyd George' durch die schwache Wurzelschösslingsbildung von 'Preussen' kompensiert. Die einmal tragende Sorte zeichnet sich des Weiteren durch ihre frühe Reife aus.

'Andenken an Paul Camenzind' ist frosthart, stellt aber hohe Ansprüche an Boden und Pflege. Bei ungünstigen Bodenverhältnissen, zum Beispiel Flachgründigkeit, stagnierender Nässe oder insbesondere zu hohem Kalkgehalt, reagiert die Sorte mit Gelbsucht. An ihr zusagenden Standorten gehört sie aber zu den schönsten Himbeersorten.

Gelbe Antwerpener

Herkunft unbekannt, vor 1800

Die 'Gelbe Antwerpener' wurde bereits um 1800 erwähnt und ist damit eine der ältesten bekannten Himbeersorten. Sie erschien im 19. Jahrhundert und in den ersten Jahrzehnten des 20. Jahrhunderts regelmässig in Katalogen und Fachzeitschriften Europas und später auch Nordamerikas und dürfte einige Verbreitung gefunden haben. Die Sortenbeschreibungen in der Literatur gehen jedoch weit auseinander, sodass heute kaum mehr festgestellt werden kann, wie die ursprüngliche Sorte tatsächlich ausgesehen hat. Mit Sicherheit handelte es sich um eine einmal tragende Sommersorte.

Die in der ProSpecieRara- und Arche-Noah-Sammlung unter dem Namen 'Gelbe Antwerpener' erhaltene Sorte zeichnet sich durch breit-rundliche, dunkel goldgelbe, weiche Beeren aus, die sich aus relativ wenigen, grossen, lockeren Teilfrüchtchen zusammensetzen. Bei der Betrachtung der Schösslinge fallen vor allem der schlanke, gebogene, fast geschlängelte Wuchs sowie die recht starke und bis zur Triebspitze ausharrende Bewehrung auf. Das Laub ist charakteristisch dunkelgrün und matt.

Unübertroffen ist der Geschmack: Keine andere Himbeere erreicht auch nur annähernd dieses intensiv gewürzte Aroma bei gleichzeitig angenehmer und ausgeglichener Säure. Dies ist umso erstaunlicher, als die gelbfruchtigen Sorten in der Regel den rotfrüchtigen geschmacklich weit unterlegen sind.

Goldkönigin

USA 1882; Syn.: Golden Queen

Die 'Goldkönigin' ist eine der wenigen rein amerikanischen Sorten, die bei uns bereits um 1900 kultiviert wurden. Wie der Name andeutet, sind die Beeren bei Vollreife goldgelb gefärbt. Weitere Beereneigenschaften sind die kegelige Fruchtform und das weiche, saftreiche, aussergewöhnlich süsse und sanfte Aroma. Die Triebe sind schlank aufrecht wachsend, oft verästelt und stark überhängend. Die Bewehrung ist an der Basis der Triebe kurz und scharf und verliert sich rasch nach der Mitte. Im Unterschied zu den gelben französischen Züchtungen jener Zeit wie 'Merveille Blanche', 'Sucré de Metz' oder 'Surprise d'Automne' ist 'Goldkönigin' eine einmal tragende Sommersorte.

Die 'Goldkönigin' stammt mit allergrösster Wahrscheinlichkeit von der im 19. Jahrhundert in Amerika häufigen und weit verbreiteten rotfrüchtigen Sorte 'Cuthbert' ab. Um 1882 entdeckte Ezra Stokes in einer 11 Aren grossen Pflanzung von 'Cuthbert' im Bundesstaat New Jersey eine Pflanze mit gelben Früchten und nannte diese 'Golden Queen'. Spätere Nachforschungen haben ergeben, dass Farbvarianten bei 'Cuthbert' häufig auftreten und dass derselbe Stock gelbe und rote Früchte hervorbringen kann.

Wie alle gelben Himbeeren war 'Goldkönigin' bei uns nur als Liebhabersorte in Hausgärten anzutreffen, da der Markt gelbe Sorten nicht nachfragte. Die Sorte erschien regelmässig in Katalogen und Gartenbauzeitschriften in der ersten Hälfte des vorigen Jahrhunderts, wurde aber von einzelnen Gärtnereien bis in jüngere Zeit angeboten. Ob es sich dabei wirklich immer um die echte alte 'Goldkönigin' handelte oder ob nicht nur der wohlklingende Name für eine völlig andere Sorte verwendet wurde, muss offen bleiben.

Latham

USA 1912

Die 1912 in den USA gezüchtete 'Latham' wurde in Europa kaum angepflanzt, aber wegen ihrer enormen Frosthärte und ihrer Widerstandskraft gegen Wurzelfäule und den Zwergwuchsvirus gelegentlich für Züchtungen verwendet. Die Sorte zählt zu den robustesten Himbeeren in der ProSpecieRara-Beerensammlung.

'Latham' unterscheidet sich bereits aufgrund der langen, straff aufrechten, mit nur wenigen Stacheln besetzten und intensiv bläulich weiss bereiften Ruten deutlich von den meisten bei uns kultivierten Sorten. Die ziemlich spät reifenden, mittelgrossen kugeligen Beeren sind glänzend hellrot und sitzen an langen, recht stabilen Fruchttrieben. Geschmacklich fällt vor allem die Süsse bei gleichzeitig nur mässig ausgeprägtem Aroma auf. Die Beeren haften relativ fest am Zapfen und lassen sich deshalb nur schwer pflücken. Mit ihren grossen Teilfrüchtchen erinnern die Beeren auf den ersten Blick ein wenig an 'Winklers Sämling'.

Malling Exploit

England 1937

'Malling Exploit' ist eine der zahlreichen Himbeersorten, die auf der Versuchsstation East Malling in England gezüchtet wurden und weite Verbreitung gefunden haben. Die Sorte entstammt einer Mehrfachkreuzung unter Beteiligung von 'Newburgh', 'Lloyd George' und 'Pynes Royal'. Aus der gleichen Kreuzung wurde 1937 auch die besonders früh reifende Schwesternsorte 'Malling Promise' selektioniert.

'Malling Exploit' ist seit 1944 im Handel und wird unter anderem wegen ihrer frühen Reife, ihrer Ertragsleistung und ihrer hohen Frosthärte noch immer erwerbsmässig angebaut. Die grossen, mässig festen, länglich kegelförmigen Beeren eignen sich wegen ihrer hellroten Farbe besonders für den Frischmarkt. Allerdings ist das Aroma nicht besonders ausgeprägt.

Bezeichnend für 'Malling Exploit' sind der kräftige, breit-aufrechte Wuchs, die starke Ausläuferbildung sowie die ausserordentlich langen fruchttragenden Seitentriebe, die in exponierten Lagen und bei starken Regengüssen – vor allem nach Trockenperioden – leicht brechen. In der Schweiz wird die Sorte deshalb vor allem für den Anbau in windgeschützten Höhenlagen empfohlen. Für den Anbau im kleinen Hausgarten ist die weit ausladende Sorte jedoch wenig geeignet.

Leider ist 'Malling Exploit' anfällig für Rutenkrankheiten und Graufäule, aber auch für das Wurzelsterben. Auch Spinnmilben setzen der Sorte vor allem in tieferen Lagen oft stark zu. Wegen ihrer Krankheitsanfälligkeit wird 'Malling Exploit' im Talgebiet zusehends von neueren Sorten verdrängt.

Preussen

Deutschland 1919

Die 1915 in Deutschland gezüchtete und 1919 dem Handel übergebene 'Preussen' ist vermutlich aus einer Zufallskreuzung der alten englischen Sorte 'Superlativ' mit der amerikanischen 'Marlboro' entstanden. Die Sorte erschien mehr oder weniger gleichzeitig mit der englischen 'Lloyd George' im Handel und wurde bald zu einer viel angebauten Sorte. Allerdings erreichte 'Preussen' nicht die Bedeutung von 'Lloyd George'. Hauptgründe sind die wenig ansprechende, verwaschen hellrote Färbung der Früchte, das nur mässige Aroma, vor allem aber die Empfindlichkeit gegenüber Frost und Rutenkrankheiten.

Trotzdem hat 'Preussen' gegenüber 'Lloyd George' einige unbestrittene Vorteile: Die grossen rundlichen bis stumpfkegelförmigen Früchte sind festfleischig und transportfähig. Ausserdem ist die Tendenz zur Bildung von Wurzelschösslingen gering. Besonders auffällig ist ihr hoher Wuchs mit bis zu 3 Meter langen, nicht selten verzweigten Ruten. Wegen dieser enormen Grösse wurde die Sorte oft auch als 'Hohe Preussen' bezeichnet. Allerdings ist 'Preussen' für reiche Erträge auch auf gut gedüngte, humose, tiefgründige und feuchte Böden angwiesen. Dies wiederum fördert die Frostempfindlichkeit.

Die wertvollen Sorteneigenschaften wurden in der späteren Züchtungsarbeit viel genutzt. Knapp zehn Jahre nach 'Preussen' erscheint auf dem Markt eine Mutation namens 'Deutschland', welche sich insbesondere durch verschiedene Rutenmerkmale sowie die dunklere Fruchtfarbe von der Elternsorte unterscheidet. Da 'Deutschland' ebenfalls stark anfällig für die Rutenkrankheit ist und noch höhere Ansprüche an den Boden und das Klima stellt, konnte sie sich nicht besonders lange halten. Ein weiterer, diesmal geschmacklich ausgezeichneter Sämlingsnachkomme von 'Preussen' entstand zu Beginn der 1970er-Jahre und erhielt den Namen 'Multiraspa'. Besonders erfolgreich waren des Weiteren Kreuzungszüchtungen mit 'Preussen', etwa die Sorten 'Schönemann' oder 'Andenken an Paul Camenzind'.

Schönemann

Deutschland 1950

'Schönemann' ist eine der wenigen Himbeersorten, die sich über ein halbes Jahrhundert lang im Handel und Anbau halten konnten. Die 1950 von W. Schönemann (Stuttgart) aus einer Kreuzung zwischen 'Preussen' und 'Lloyd George' erhaltene Himbeere vereinigt derart viele positive Eigenschaften, dass sie sich bis heute in der harten Konkurrenz von Neuzüchtungen und Neueinführungen behaupten konnte. Vor allem in Deutschland ist 'Schönemann' nach wie vor eine Hauptsorte, aber auch in Frankreich und in anderen europäischen Ländern wird die Sorte regelmässig angeboten.

Der Ertrag ist hoch und regelmässig, die Reife spät und lange andauernd. Die grossen, festen, langkegeligen Beeren sind matt dunkelrot gefärbt und haben einen etwas säuerlichen, aromatischen Geschmack. Sie sind vor allem für die Verarbeitung und Gefrierkonserven geeignet, werden aber auch gern roh gegessen. Dank des hohen Pektingehalts eignet sich die Sorte unter anderem sehr gut für die Herstellung von Gelee und Konfitüre.

Charakteristisch für 'Schönemann' ist der kräftige, hohe, aufrechte Wuchs und die geringe Tendenz zur Bildung von Wurzelschösslingen. Im Winter unterscheiden sich die Ruten von den meisten anderen Sorten durch ihre auffallend stumpfgraubraune Färbung. 'Schönemann' bevorzugt lockere, nährstoffreiche, humose Böden mit ausreichender Feuchtigkeit und ist gegen Frost, Rutenkrankheiten und Wurzelsterben wenig empfindlich. Sie kann selbst in höheren Lagen noch mit Erfolg angebaut werden. Auf Trockenheit reagiert die Sorte aber sensibel und bringt nur noch kleine, saftarme Beeren hervor.

Willamette

Kanada 1942

'Willamette' ist eine robuste kanadische Kreuzung zwischen 'Newburgh' und 'Lloyd George'. Die Sorte wurde unter anderem zur Züchtung der beiden ehemals bedeutenden Schweizer Himbeersorten 'Zefa 1' und 'Zefa 2' verwendet. Ein weiterer wichtiger Abkömmling von 'Willamette' ist die heute verbreitet angebaute amerikanische Sorte 'Meeker' (1967).

Die ziemlich grossen, etwas unregelmässig stumpfkegelförmigen, dunkelroten, festen Beeren haben einen guten, leicht säuerlichen Geschmack. Wegen ihres intensiv gefärbten Fruchtsafts eignen sie sich nicht nur für den Frischkonsum, sondern vor allem auch für die Verarbeitung, zum Beispiel zur Herstellung von Sirup oder Sorbets.

Etwas lästig ist die ausgeprägte Bildung von Bodentrieben. Für den Hausgarten wird 'Willamette' deshalb nicht selten zu üppig. Hinzu kommen die recht langen Seitentriebe und der hohe, an der Spitze überhängende Wuchs. Ihre unbestrittenen Qualitäten sind neben dem hohen Ertrag und der Frühreife die Eignung für feuchtwarmes Klima, die geringe Anfälligkeit für Wurzel- und Rutenerkrankungen und die Resistenz gegen den Zwergwuchsvirus.

Winklers Sämling

Deutschland 1900

'Winklers Sämling' ist der Inbegriff einer Aromahimbeere. Die ausgesprochen süssen und saftigen Früchte haben einen ausgeprägten Waldhimbeergeschmack wie keine andere Sorte. Bei Kostproben unter den Besuchern der ProSpecieRara- und Arche-Noah-Beerensammlungen belegt 'Winklers Sämling' regelmässig den Spitzenplatz.

Neben dem Aroma und der Süsse ist 'Winklers Sämling' auch sonst unverwechselbar: Die etwas schwer vom Zapfen lösbaren Früchte sind nur mittelgross, leuchtend hellrot und ausgesprochen weich, sodass sie kaum transportfähig sind und am besten direkt vom Strauch in den Mund konsumiert werden. Ausserdem sind die einzelnen Teilfrüchtchen auffallend gross. Auch vegetativ ist die Sorte leicht erkennbar: Die schlanken und an der Spitze leicht gebogenen Ruten erreichen meist nur eine mittlere Höhe und verfärben sich im Sommer weinrot. Die zahlreichen Stacheln sind auffallend schmal, beinahe borstig und im Frühsommer typisch blass und durchscheinend rotbraun gefärbt. Ein weiteres typisches Sortenmerkmal sind die dunkelgrünen, fein runzeligen Blätter.

'Winklers Sämling' ist eine typische Sorte für den Hausgarten. Ein Anbau ist auf allen nicht zu schweren oder zu leichten Böden problemlos möglich. Ausserdem ist 'Winklers Sämling' gegenüber Rutenkrankheiten und Trockenheit ziemlich widerstandsfähig. Die 1900 von F. Winkler im deutschen Berwangen (Baden) als Zufallssämling gefundene Sorte wurde vor allem in Süddeutschland, in der Schweiz und im angrenzenden Österreich verbreitet angebaut und war bis in die 1970er-Jahre hinein aus keinem Pflanzenkatalog wegzudenken.

Oft wurde unter dem Namen 'Winklers Sämling' auch die alte englische Sorte 'Falstoff' verkauft. Möglicherweise ist die Sorte auch identisch mit der alten norwegischen 'Asker'. Neuere Felderhebungen in der Schweiz haben ergeben, dass 'Winklers Sämling' auch heute noch in vielen Gärten gepflegt wird. Die wenigen Baumschulen, die 'Winklers Sämling' bis vor einigen Jahren noch anboten, haben die wertvolle Sorte heute aus ihrem Angebot gestrichen.

Zefa 1

Schweiz 1960

'Zefa 1' gelangte gleichzeitig mit 'Zefa 2' in den Handel (1960), erreichte aber nicht deren Bedeutung. Die frühe Reife und die grossen, festen, zapfenförmigen Beeren erinnern an die Elternsorten 'Willamette' und 'Andenken an Paul Camenzind'. Leider ist das Aroma nur mässig ausgebildet. Die Beeren eignen sich jedoch hervorragend zum Tiefkühlen und sind gut transportfähig.

'Zefa 1' ist überdurchschnittlich hochwüchsig und benötigt eine entsprechende Stützvorrichtung. Trieblängen von 2,5 bis 3 Metern sind keine Seltenheit. Das Blatt setzt sich aus drei bis fünf schmalen Teilblättern zusammen, wobei das unterste Teilblattpaar deutlich gestielt ist (sortentypisch).

Bemerkenswert ist die Unempfindlichkeit der Sorte gegen starke Kälte, die einen erfolgreichen Anbau auch in rauen Lagen ermöglicht.

Zefa 2

Schweiz 1960

'Zefa 2' wurde 1953 an der Schweizer Forschungsanstalt Wädenswil gezüchtet und im Herbst 1960 in den Handel gebracht. Eltern sind die 'Rote Wädenswiler' – eine Schweizer Kreuzung aus den späten 1920er-Jahren – und die amerikanische Sorte 'Willamette'. Die Sorte fand vor allem in der Schweiz und in Deutschland viel Zuspruch und wurde bald zu einer der wertvollsten Himbeeren für den Kleinerzeugeranbau und den Hausgarten.

Die grossen und ziemlich festen, gut transportfähigen, vorwiegend rundlichen, bei Vollreife tief dunkelroten Beeren sind ausgesprochen aromatisch. Trotz ihrer Festigkeit sind die Früchte nach dem Pflücken nicht besonders lange haltbar und dunkeln rasch nach, sodass sie als Frischobst nur für den Eigenbedarf oder die lokale Vermarktung in Frage kommen. Bemerkenswert ist jedoch die Gefriereignung: Kaum eine andere rote Himbeere behält ihre Form und Farbe derart schön wie 'Zefa 2'. Wegen des ausgesprochen intensiv weinrot gefärbten Saftes eignet sich 'Zefa 2' ausserdem ausgezeichnet zur Herstellung von Sirup, Saft oder Sorbets. Neben den Fruchtqualitäten ist der relativ hohe und vor allem regelmässige Ertrag bemerkenswert. Ausserdem reifen die Beeren alle innerhalb kurzer Zeit und sind leicht pflückbar.

1978 fand der Schweizer Beerenzüchter H. J. Häberli in seinem Betrieb in einem Bestand von 'Zefa 2' eine stachellose Mutante, die er weiter selektionierte. Die Sorte kam zuerst unter der Bezeichnung 'Ambition', später als 'Verbesserte Ambition', 'Wilkran' und 'Framita' in den Handel. Die Frucht- und Pflanzeneigenschaften sind bis auf die Stachellosigkeit mit 'Zefa 2' vergleichbar.

'Zefa 2' ist hervorragend an kontinentale Klimabedingungen angepasst und leidet deshalb wenig unter Winterkälte und Sommerhitze. Demgegenüber wurde vor allem in jüngerer Zeit eine sehr hohe Anfälligkeit für das Wurzelsterben und Rutenkrankheiten beobachtet, weshalb die Sorte im Laufe der letzten zwei bis drei Jahre selbst im Herkunftsland Schweiz fast vollständig aus dem Handel verschwunden ist.

Remontierende Sorten (Herbsthimbeeren)

Autumn Bliss

England 1983

'Autumn Bliss' ist die früheste Herbsthimbeere und gilt heute als Standard für den Hausgarten. Die Sorte wurde 1974 unter Beteiligung verschiedener Himbeersorten und -arten in England gezüchtet und 1983 in den Handel gebracht. Unter anderem wurde auch die schwarze Himbeere eingekreuzt.

Die ziemlich grossen, festen, stumpfkegelförmigen Beeren haben eine leuchtend rote Farbe und sind für eine Herbstsorte überdurchschnittlich aromatisch. Allerdings dunkeln die Früchte nach dem Pflücken stark nach und machen dann einen etwas überreifen Eindruck, sodass sie auf dem Markt weniger gefragt sind.

Die Herbsternte setzt im Talgebiet etwa Anfang August ein und fällt daher mit dem Ernteende der späten Sommersorten zusammen. Die lange Ernteperiode von acht bis zehn Wochen erfordert ein regelmässiges Durchpflücken und macht die Sorte vor allem für den Hausgarten interessant. Bemerkenswert ist ihre Widerstandskraft: Gegen gefürchtete Himbeerkrankheiten wie Wurzelfäule und Rutensterben sowie virusübertragende Blattläuse ist die Sorte weitgehend immun. Auch bezüglich Boden und Klima ist 'Autumn Bliss' nicht besonders wählerisch und kann noch in Höhenlagen um 900 Meter sowie auf schweren Böden erfolgreich angebaut werden. Selbst in Pflanzgefässen auf dem Balkon lässt sich die Sorte kultivieren.

Der verhältnismässig niedrige, aufrechte Wuchs und die stabilen, stark bestachelten und bereiften Ruten machen eine spezielle Stützvorrichtung überflüssig. Da die Sommerernte sehr gering ausfällt und um Rutenkrankheiten vorzubeugen, werden die Triebe in der Regel im Herbst bodeneben abgeschnitten.

Fallgold

USA 1967

'Fallgold' ist eine sehr späte gelbe amerikanische Herbstsorte, die seit 1967 im Handel ist. Die ziemlich grossen, rundlich kegelförmigen, honiggelben Beeren sind weich, süss und nur mässig aromatisch. Eine mittlere bis gute Ernte ist sowohl an den überwinternden Ruten im Sommer als auch an den Jahresruten im Herbst möglich. 'Fallgold' ist im Vergleich zu den älteren Sorten recht robust und eignet sich für den Anbau im Hausgarten und bedingt auch für den Erwerbsanbau für Dekorationszwecke.

In der Schweiz wurde bis vor kurzem in Hausgärten anstelle von 'Fallgold' meistens 'Hauensteins Gelbe' – eine Züchtung des Schweizer Beerenzüchters W. Hauenstein – angepflanzt. Die Beeren dieser Sorte haben eine rundlichere Form als 'Fallgold' und werden bei Vollreife orangegelb. Meistens wird 'Hauensteins Gelbe' als Sommersorte kultiviert, sie trägt aber auch im Herbst an den einjährigen Jahresruten.

Lloyd George

England 1919

Kaum eine andere Himbeersorte hat den Anbau und die Züchtung so stark und nachhaltig beeinflusst wie die 1919 in einem Wald in Südengland gefundene 'Lloyd George'. Dank ihrer enormen Standortbreite und den vorzüglichen Fruchtqualitäten verbreitete sich die Sorte bereits kurz nach ihrer Entdeckung in vielen europäischen Ländern und wurde selbst von verschiedenen Forschungsanstalten in Amerika empfohlen. Vielerorts wurde mit 'Lloyd George' ein intensiver wirtschaftlicher Anbau überhaupt erst möglich.

Die grossen, zapfenförmigen und tief dunkelroten Beeren sind ausserordentlich stark gewürzt und schmecken roh etwas säuerlich. Da das Aroma vor allem beim Kochen und bei der Verarbeitung voll zum Tragen kommt, hatte die Sorte besonders in der Verwertungsindustrie einen hohen Stellenwert. Wegen des für Himbeeren ausserordentlich hohen Pektingehalts eignet sich 'Lloyd George' ganz besonders zur Herstellung von Konfitüren und Gelees. Der intensiv dunkelrot gefärbte Fruchtsaft, dessen Farbe von keiner anderen Himbeersorte erreicht wird, verleiht den Produkten die nötige optische Qualität.

'Lloyd George' gehört zu den zweimal tragenden Himbeeren. Allerdings setzt die Herbsternte erst spät ein, sodass die Früchte nicht jedes Jahr ausreifen oder bei nassem Herbstwetter verschimmeln. Aus diesem Grund wurde die Sorte im Erwerbsanbau oft nur als Sommersorte kultiviert. Sie reift dann zusammen mit oder kurz vor den frühesten damals bekannten Sommersorten.

Die starke Tendenz zur Bildung von Wurzelschösslingen sowie der ausgebreitete, bogige Wuchs erfordern einen hohen Pflegeaufwand. Ansonsten ist die Sorte wenig empfindlich gegen Rutenkrankheiten und hohen Kalkgehalt im Boden, dafür anfällig für Blattläuse und Virosen.

Heute ist 'Lloyd George' im deutschsprachigen Raum nahezu verschwunden. Man findet sie noch ganz vereinzelt und in schlechter Vitalität in alten Hausgärten. In Frankreich bieten noch einige wenige Baumschulen und Gärtnereien 'Lloyd George' an. Doch auch hier dürften die Tage der ehemals hoch geschätzten 'Lloyd George' gezählt sein. Die Sorte lebt aber in unzähligen neueren Sorten weiter.

Merveille Rouge

Frankreich 1849; Syn.: Rote Merveille, Wunder der Vierjahreszeiten u .a.

Bereits Christ und Dittrich beschreiben um 1800 eine zweimal tragende rote Himbeere. Unter der 'Merveille Rouge', die mit vollem Namen 'Merveille des Quatres Saisons Rouges' heisst, wird jedoch eine 1849 durch die Baumschule der Gebrüder Simon-Louis im französischen Metz aus Samen erzogene und verbreitete Sorte verstanden. Im deutschsprachigen Raum wurde die Sorte auch als 'Rote Merveille-Himbeere' oder 'Wunder der Vierjahreszeiten' gehandelt.

Die Sorte erschien bis in die ersten Jahrzehnte des 20. Jahrhunderts regelmässig in den Katalogen und Gartenzeitschriften West- und Mitteleuropas und fand auch den Weg nach Nordamerika. Neben der 'Merveille Rouge' entstanden im 19. Jahrhundert vor allem in Frankreich einige weitere, ähnliche Sorten, die zum Teil ebenfalls unter dem Namen 'Merveille Rouge' gehandelt wurden.

Insgesamt ist die 'Rote Merveille' schlecht definiert, und man kennt verschiedene Typen mit sehr unterschiedlicher Wuchskraft. Heute lässt sich kaum mehr eruieren, welches die ursprüngliche 'Merveille Rouge' der Gebrüder Simon-Louis war. Trotzdem kann man die Gruppe von der 'Perpétuelle de Billard' gut unterscheiden: Charakteristisch sind insbesondere die gleichmässig entwickelten Beeren, die eher kleinen, dicht stehenden Teilfrüchtchen, das zarte, weiche Fruchtfleisch und vor allem der süsse, vollaromatische Geschmack. Die mit ziemlich schlanken, kurzen Stacheln besetzten Ruten sind an der Spitze zudem stark überhängend und die Blätter im Vergleich zu 'Perpétuelle de Billard' deutlich heller.

Neben der 'Roten Merveille' brachte die Baumschule Simon-Louis 1854 eine gelbfruchtige Variante, die 'Merveille des Quatres Saison Jaunes' (abgekürzt: 'Merveille Blanche') in den Handel, die sich in der Kultur jedoch als zu schwachwüchsig und wenig beständig erwies. Als Ersatz wurde ab 1864 ein weiterer gelbfruchtiger Sämling, die 'Surpasse Merveille', angeboten. Weitere gelbe Himbeerzüchtungen der Baumschule waren die ausserordentlich stark gezuckerte 'Sucré de Metz' (1866) und die 'Surprise d'Automne' (1865). Letztere erhielt ihren Namen aufgrund ihres speziellen Reifeverhaltens: Nach einem reichen Erntebeginn verlangsamt sich die Reifung gegen Ende der Ernteperiode, sodass im Spätherbst nur noch einzelne Überraschungsfrüchte gepflückt werden können.

Perpétuelle de Billard

Frankreich 1868

1868 – zwei Jahre vor seinem Tod – züchtete der französische Baumschulbesitzer Ch. Billard in Fontenay-aux-Roses diese ausserordentlich wüchsige und robuste Herbsthimbeere, die ihm zu Ehren den Namen 'Perpétuelle de Billard' erhielt. Die Sortenbeschreibungen in der historischen Literatur sowie die Herkunft lassen vermuten, dass es sich um dieselbe Sorte wie die viel gepriesene 'Belle de Fontenay' handeln dürfte. Eine weitere sehr ähnliche, wenn nicht sogar identische Sorte wurde im deutschsprachigen Raum als 'Immertragende von Feldbrunnen' bekannt.

Charakteristisch für 'Perpétuelle de Billard' sind die grossen, rundlichen, längshälftig oft ungleichen und etwas schiefen, weinroten Beeren mit auffallend grossen Teilfrüchtchen. Das Fruchtfleisch ist im Vergleich zu anderen damaligen Herbstsorten ziemlich fest und etwas säuerlich. Neben den Früchten zeichnet sich die Sorte durch eine ungemein starke Ausläuferbildung aus, die gerade in kleineren Gärten lästig werden kann. Als ausgesprochener Tiefwurzler gedeiht 'Perpétuelle de Billard' noch in Böden, in denen die meisten anderen Sorten versagen. Die kräftigen, hohen, etwas bogigen, oft verzweigten, mässig, aber kurz und scharf bis zur Spitze bestachelten Ruten sind wenig anfällig für Frost und Rutenkrankheiten.

'Perpétuelle de Billard' war bis weit in die erste Hälfte des vorigen Jahrhunderts eine stark verbreitete Sorte in Liebhabergärten und im Konservenanbau, wurde dann aber zusehends von 'Lloyd George' abgelöst. Für den Frischkonsum sind die Beeren etwas zu sauer, mit Zucker genossen aber ein ausgezeichnetes Dessert.

Romy

Schweiz 1945

Die 1945 aus verschiedenen Kreuzungssämlingen unbekannter Eltern ausgelesene 'Romy' hat ihren Namen von ihrem Züchter M. R. Romy aus Meyrin bei Genf. Monsieur Romy war zu jener Zeit einer der bedeutendsten kommerziellen Beerenproduzenten in der Schweiz und arbeitete nebenher in einer Uhrenfabrik. 1952 verkaufte er seine Kulturen krankheitshalber an eine Baumschule bei Aarau, die die Sorte dann sowohl in der Schweiz als auch im Ausland verbreitete.

Das Besondere an 'Romy' ist die für Herbsthimbeeren ausserordentliche Frühreife und die Tendenz zu basalen Verzweigungen. Im Unterschied zu den bisherigen remontierenden Sorten einschliesslich 'Lloyd George'

reift 'Romy' an den Jungruten bereits ab August und ermöglicht dadurch eine sichere Herbsternte. Hinzu kommt, dass die recht grossen, kurzkegeligen, schön gefärbten und ziemlich festen Beeren selbst leichten Frost am Strauch unbeschadet überstehen, sodass im Herbst auch nach Nachtfrösten weiter geerntet werden kann. Leider sind die Früchte etwas arm an Zucker und Aroma.

Vielfach wird 'Romy' als die erste wirklich immertragende Himbeere bezeichnet. Voraussetzung dazu ist allerdings ein sortenspezifischer Schnitt: Werden die letztjährigen Ruten im Februar 30 Zentimeter über der Erde abgeschnitten, so bilden sich aus den zahlreich vorhandenen Basisknospen viele Seitenzweige, die die Sommerernte bringen. Gleichzeitig wird dadurch das Wachstum der neuen Jungtriebe angeregt, die ihrerseits bereits ab einer Höhe von rund 80 Zentimetern auf einer grossen Länge zu blühen und fruchten beginnen und bis weit in den Sommer hinein laufend neu gebildet werden. Auf diese Weise geht die Sommerernte beinahe nahtlos in die Herbsternte über, sodass ab etwa 20. Juni bis in den Spätherbst ununterbrochen Früchte geerntet werden können.

Wird 'Romy' ausschliesslich als Herbstsorte kultiviert, tragen sich die kurzen, nur etwa 1,2 bis 1,5 Meter hohen Ruten gut selbst und benötigen nicht unbedingt eine Stützvorrichtung. Auf jeden Fall ist die Sorte auf lockere, humose und gut gedüngte Standorte angewiesen.

Zefa Herbsternte

Schweiz 1963; Syn.: Zefa 3

'Zefa Herbsternte' war bis vor kurzem die bedeutendste Herbsthimbeere. Sie löste in den späten 1960er-Jahren die damals weit verbreitete 'Lloyd George' sowie regional auch 'Romy' ab. Heute wird 'Zefa Herbsternte' im Hausgarten zunehmend von der robusteren und geschmacklich anprechenderen 'Autumn Bliss' verdrängt und ist nur noch selten im Handel erhältlich.

Die Himbeersorte wurde 1955 in der Schweiz an der Forschungsanstalt Wädenswil als Mehrfachkreuzung unter Beteiligung von 'Romy' und der amerikanischen 'Indian Summer' gezüchtet und 1963 dem Handel übergeben. Sie besticht durch ihre grossen, zapfenförmigen, glänzenden, leuchtend roten, festen und gut transportfähigen Beeren, die sich auch zum Tiefgefrieren eignen. Leider kommt das

insgesamt gute Aroma wegen des geringen Zuckergehalts nicht voll zum Tragen. Die auffallend lang gestielten Beeren liegen etwas versteckt in der lockeren, überhängenden und von Blättern durchwachsenen Fruchtrispe am Ende der Jahrestriebe. Wegen der langen Fruchtstiele und der ausserordentlich schönen Fruchteigenschaften eignen sich die Beeren auch zum Pflücken mit Stiel und Kelch als gut präsentierende Dessertfrucht.

Die Ernte beginnt nach einem Kahlschnitt im zeitigen Frühjahr bereits im September und dauert bis Frosteintritt. In nassen Jahren leiden die Früchte stark unter der Graufäule und lassen sich ohne Regendach kaum erfolgreich anbauen. Insgesamt ist die Sorte aber recht robust, auch gegen das gefürchtete Wurzelsterben. Da 'Zefa Herbsternte' auch ohne umfangreiche Stützvorrichtung angebaut werden kann, entfällt die aufwändige Arbeit fürs Aufbinden und Ausschneiden der Ruten. In den meisten Fällen genügt ein Viereckdrahtgeflecht (Maschenweite 10x10 Zentimeter) auf einer Höhe von 60 Zentimetern oder das Spannen von Drähten beidseits des Pflanzstreifens.

Besondere Himbeeren

Cumberland

USA 1898

'Cumberland' ist eine der wichtigsten schwarzen Himbeeren, die den Weg nach Europa gefunden haben. Die Sorte wurde im ausgehenden 19. Jahrhundert von David Miller im amerikanischen Bundesstaat Pennsylvania ausgelesen und nach einigen Jahren lokaler Kultur 1898 dem Handel übergeben. Bereits nach wenigen Jahren war 'Cumberland' die am weitesten verbreitete und allgemein angebaute schwarze Himbeere in den USA. Noch vor der Jahrhundertwende wurde die Sorte auch in Europa eingeführt. Dank ihrer Robustheit, der hohen Erträge sowie der grossen und qualitativ hoch stehenden Früchte löste sie rasch die bis dahin kultivierten Sorten 'Gregg', 'Palmer' usw. ab.

Schwarze Himbeeren, nach dem englischen Ausdruck *black cap* auch Kap-Himbeeren genannt, unterscheiden sich von den roten und gelben Sorten in vielerlei Hinsicht. Die langen, sehr stark und scharf dornartig bewehrten Triebe sind auffallend bläulich weiss bereift und bewurzeln sich wie rankende Brombeeren an der Triebspitze beim Kontakt mit dem Boden. Die anfänglich roten, dann rasch glänzend schwarzen, früh und fast gleichzeitig reifen Beeren stehen in kompakten beblätterten Fruchtständen an der Spitze meist langer Seitentriebe.

Weitere Fruchtmerkmale sind die breit-runde Form, das meist feste Fruchtfleisch, die kleinen, dicht stehenden und bei vielen Sorten am Rande weisslich bemehlten Teilfrüchtchen sowie der stark färbende dunkelrote Fruchtsaft. Die meisten Sorten haben etwas wenig Säure und enthalten viele Samen, weshalb sie eher für die Verwertung als für den Rohgenuss geeignet sind. Unübertroffen ist die Gefriereignung: Die Beeren behalten nach dem Auftauen ihre Form und saften nicht, sodass sie wie frische Früchte für Garnituren verwendet werden können. Auch Liköre sind eine ausgezeichnete Spezialität.

Der Anbau schwarzer Himbeeren ist auch bei uns problemlos möglich. Die Pflanzen sind völlig winterhart, benötigen aber ausreichende Bodenfeuchtigkeit und gedeihen selbst noch im Halbschatten. Bei Trockenheit und grosser Hitze verkümmern die Beeren am Strauch. Bei Überreife und feuchtwarmer Witterung werden die Früchte rasch von Mehltau und Grauschimmel befallen.

Neben 'Cumberland' dürften im Laufe der Zeit verschiedene andere schwarze Himbeeren nach Europa

gelangt sein. In der Schweiz wird heute vereinzelt die 1934 selektionierte 'Bristol' angeboten. Daneben förderten Feldrecherchen in den letzten Jahren ein knappes halbes Dutzend verschiedener Typen zutage. Obwohl kaum je in grösserem Umfang gehandelt, halten sich schwarze Himbeeren als wohlbehütete Raritäten in privaten Gärten und werden von ihren Besitzern über Generationen gepflegt und weitergegeben.

Japanische Weinbeere

Die 'Japanische Weinbeere' *(Rubus phoenicolasius)* ist sehr dekorativ und daher mehr ein Zier- als ein Obststrauch. Sie stammt ursprünglich aus Japan und der Mandschurei und ist bei uns schon seit 1876 und in Amerika seit 1890 in Kultur, ohne allerdings je eine grössere Verbreitung gefunden zu haben.

Die dicht behaarten, mit vielen klebrigen roten Drüsenborsten und wenigen dünnen Stacheln besetzten Triebe bilden einen aufrecht übergebogenen, bis zu 3 Meter hohen Strauch. Aus den Blattachseln des vorjährigen Holzes erscheinen etwa 15 bis 20 Zentimeter lange Seitentriebe mit zarten weissen Blütenbüscheln, aus denen sich gegen Ende Juli kleine weiche, halbkugelige, zuerst gelborangefarbene, später glänzend zinnoberrote und bei Vollreife braunrote himbeerartige Früchte entwickeln. Die lang ausgezogenen Kelchzipfel umschliessen die noch grüne Frucht und öffnen sich erst unmittelbar vor der Reife.

Der Geschmack der 'Japanischen Weinbeere' ist süssweinsäuerlich und etwas wässrig. Die verlockenden Beeren sind nicht lange am Strauch haltbar und werden oft schon vor der Ernte von den Vögeln gefressen.

Die 'Japanische Weinbeere' ist bei uns mit Ausnahme einiger klimabegünstigter Gegenden nicht ganz winterhart und kann in strengen Wintern zurückfrieren. Der Strauch wird deshalb vorzugsweise an etwas geschützten Standorten, zum Beispiel an einer Mauer oder an einer Hauswand, gepflanzt und mit leichtem Material abgedeckt. Sie liebt etwas feuchte Standorte und gedeiht auch gut im Halbschatten.

Shaffer's Colossal

USA 1878

'Shaffer's Colossal' ist die älteste bekannte Purpurhimbeere. Sie wurde um 1875 von Georg Shaffer in Scotsville (New York) aus einer Kreuzung zwischen einer schwarzen und einer roten Himbeere ausgelesen und war in den USA bis in die ersten Jahrzehnte des 20. Jahrhunderts die meistangebaute und bestbezahlte Purpurhimbeere, vor allem für die Konservenindustrie. Gedörrt (eine Konservierungsform für Beeren, die im 20. Jahrhundert ihre Bedeutung verlor) zog man sie dank der attraktiveren Farbe und der wenigen Samen den echten Himbeeren vor. In Europa beschränkte sich der Anbau vorwiegend auf Liebhabergärten. Trotz ihrer purpurvioletten Färbung gleichen die Beeren eher einer klassischen Himbeere und fanden deshalb in Europa eine höhere Akzeptanz als die hier völlig unbekannten schwarzen Sorten.

Die Beeren von 'Shaffer's Colossal' zeichnen sich neben ihrer besonderen Farbe und ihrer breit-halbrunden Form durch grosse, locker stehende und oft etwas unregelmässig entwickelte, samenarme Teilfrüchtchen aus, die der Frucht ein körniges Aussehen verleihen. Das Fruchtfleisch ist ziemlich weich und saftreich, mit intensiv gefärbtem Saft, der Geschmack ist aromatisch, aber säuerlich. Die Sorte reift bemerkenswert spät, meist deutlich nach den gängigen roten Sommersorten, und verlängert dadurch die Erntesaison.

Charakteristisch für 'Shaffer's Colossal' ist der extrem starke Wuchs. Die dicken, kräftigen, zum Teil über 4 Meter langen, verwaschen rosaviolett bereiften Triebe wachsen ähnlich wie bei einer rankenden Brombeere bogig horizontal und bewurzeln sich beim Kontakt mit dem Boden. Die fruchttragenden Seitentriebe erreichen ohne weiteres eine Länge von 60 Zentimetern und mehr, sodass die Pflanze in kleinen Gärten rasch zu gross wird.

Wegen ihrer enormen Wuchskraft verlangt 'Shaffer's Colossal' reichlich Raum zur Entwicklung und vor allem eine hohe, stabile Stützvorrichtung. In verschiedenen älteren Gartenbüchern wird die Sorte auch für die Beschattung von Lauben und Gartenhäuschen empfohlen. Da die abgetragenen Ruten nach der Ernte entfernt werden müssen, erscheint ein derartiger Verwendungszweck aus heutiger Sicht nicht mehr angemessen, zumal heute weniger arbeitsintensive Pflanzalternativen existieren. Dafür gedeiht 'Shaffer's Colossal' auch auf mageren Böden und erträgt im Unterschied zu den meisten Himbeeren Trockenheit.

Die Brombeere

Die wilde Heilerin

Volksname und Volksglaube

Im Althochdeutschen nannte man die Brombeere *bramberi*, was – deutlich verwandt mit dem englischen *bramble* – so viel heisst wie «Dornstrauch». Der Volksmund bezeichnete sie auch als «Brambeere», «Brennbeere», «Moorbeere», «Kratzbeere», «Rahmbeere» oder «Hirschbollen». Der italienische Name mora weist auf die Ähnlichkeit mit der Frucht des schwarzen Maulbeerbaums *(Morus nigra)* hin.

Einer Legende zufolge entstand die Brombeere aus dem Blut, das beim Kampf der Titanen gegen die Götter vergossen wurde. Eine Überlieferung aus der griechischen Mythologie berichtet von Riesen, die der Brombeere Opfer darbrachten, da diese die Einzige war, die sie zu Fall bringen konnte und am Boden festhielt. Die magische Kraft der Brombeerbüsche, die sogar Riesen besiegen konnten, ist in zahlreichen Segens- und Zaubersprüchen erhalten geblieben. So zum Beispiel heisst es in einem Zauberspruch für die Schäfer, der zum Tag des heiligen Georg am 6. Mai gesprochen wurde: «So, wie euch die Brombeerbüsche nichts anhaben können, so soll auch kein böser Zauber an euch hängen bleiben.» Zu den Zauberritualen gegen viele Krankheiten ging der Kranke durch einen stacheligen Kranz aus Brombeerpflanzen. Wenn man Bettfedern durch einen Brombeerkranz einfüllte, so sollten die Eheleute vor Hexerei geschützt sein; Brombeerschösslinge, über der Stalltür aufgehängt, sollten das Vieh schützen.

In Bulgarien verbot es der Volksglaube, die Brombeere vor den Weintrauben zu pflücken, weil Gott den Wein, der Teufel aber die Brombeeren geschaffen habe, um die Menschen in Versuchung zu führen. Wenn jemand die Brombeeren vor den Weintrauben pflücke, würde er dem Teufel verfallen. Roden sollte man Brombeeren nur an Karfreitag oder Mariä Himmelfahrt vor Sonnenaufgang mit gerade geschärfter Pflugschar.

Die Kulturgeschichte der Brombeere

Die Brombeere ist eine der ältesten bekannten Heilpflanzen. Im Altertum bereitete man aus Brombeeren, Honig, Myrrhe und Safran ein schmackhaftes Medikament, das als «Allheilmittel» diente. Theophrast (um 372–287 v. Chr.), Dioskurides (1. Jh. n. Chr.) und Galen (um 129–199 n. Chr.) berichten davon. Neben ihrer medizinalen Verwendung hatte die Brombeere auch Bedeutung als Wildobst für Marmeladen, Sirup und Konfitüre, entweder für den eigenen Bedarf oder für den Verkauf an Vertreter der wohlhabenderen Schicht.

Eine Zierde für den Hausgarten: blühende Brombeeren

Die Brombeere ist unter den erwähnten Beerenarten jene, die erst in jüngster Zeit die Wandlung von der Wildpflanze zur Kulturpflanze vollzogen hat. Etwa um 1850 begann man sich zunächst in den USA für den Anbau der Brombeere in Erwerbskulturen zu interessieren, was mit etwas Verzögerung auch in Europa dazu führte, die Brombeere als Kulturpflanze näher in Betracht zu ziehen. 1922 wurden in den USA ca. 60 Sorten aufrecht wachsende Brombeeren und acht bis zehn «Taubeeren» (rankende Brombeeren) in Gärtnereien angeboten. Drei Jahre später war die Zahl der angebotenen Sorten bereits auf 100 angestiegen. Insgesamt wurden 1930 in den USA schätzungsweise 17'814 Hektar mit Brombeeren und Taubeeren bepflanzt.

Dank des frühen Interesses der Amerikaner am professionellen Brombeeranbau stammen auch viele der ersten kultivierten Brombeersorten aus den USA. Die ältesten Sorten sind fast durchwegs Zufallssämlinge, die einem aufmerksamen Obstzüchter in die Hände gefallen waren. Eine der ersten Sorten war die aufrecht wachsende 'Lawton-Brombeere', die Lewis A. Seacor Mitte des 19. Jahrhunderts in New Rochelle fand und die entscheidend zur Ausbreitung der Brombeerkultur in Amerika beitrug. Wegen ihrer Frostempfindlichkeit und ihres nicht ganz befriedigenden Geschmacks wurde sie später von einer anderen Sorte mit dem indianischen Namen 'Kittatinny' abgelöst.

Vereinzelt wurden im 19. Jahrhundert auch in Europa erste Brombeeren angeboten, so zum Beispiel um 1860 in Hamburg die 'Armenische Brombeere'. Auch die amerikanische 'Lawton-Brombeere' fand da und dort bald Eingang in die Gärten und in den Kleinerzeugeranbau. 1860 gab Friedrich Jakob Dochnahl, einer der besten Beerenobstkenner seiner Zeit, eine Obstkunde heraus, in der einige ausschliesslich europäische Brombeersorten erwähnt werden, darunter auch eine stachellose Form. Noch früher, nämlich 1770, fand die 'Geschlitztblättrige Brombeere' in England ihren Weg in die Gärten, allerdings zunächst als Zierpflanze und nicht als Obststrauch. Daneben wurden vor allem im ausgehenden 19. und frühen 20. Jahrhundert immer wieder einzelne Selektionen von Wildbrombeeren ausgelesen und in den Handel gebracht, die sich jedoch nicht durchsetzen konnten..

Trotz gelegentlicher Anbauversuche und Züchtungsbemühungen fand die Brombeere in Europa vorerst keine grössere Verbreitung. Vielerorts war die Brombeere auch zu Beginn des 20. Jahrhunderts noch eine typische Wildfrucht, die an Wildstandorten gesammelt und zum Kauf angeboten wurde. Dies änderte sich erst langsam mit der Entdeckung und Einführung der besonders ertragreichen und wohlschmeckenden rankenden Sorte 'Theodor Reimers', die um 1900 fast gleichzeitig in Europa und Amerika erschien und den Brombeeranbau in Europa nachhaltig beeinflusste. Allerdings ist 'Theodor Reimers' nicht ganz winterhart, und die Früchte sind nicht transportfest, sodass parallel zu dieser Sorte die frostresistentere und festfleischigere 'Geschlitztblättrige Brombeere' und ihre Abkömmlinge kultiviert wurden, ohne allerdings je die Beliebtheit von 'Theodor Reimers' zu erreichen.

Von den vielen um oder vor 1900 eingeführten amerikanischen Sorten waren die meisten in Europa wegen anderer klimatischer Verhältnisse nicht so erfolgreich wie in ihrer Heimat. 1950 wurden nach wie vor hauptsächlich die rankenden europäischen Sorten empfohlen. Einzig die amerikanischen Sorten 'Wilsons Frühe' und 'Taylors Fruchtbare' fanden eine gewisse Verbreitung, auch im Erwerbsanbau. Sie erwiesen sich als erstaunlich winterhart und liessen sich durch ihren aufrechten Wuchs einfacher kultivieren als ihre starkwüchsigen rankenden Verwandten.

Gegen 1930 kamen in den USA die ersten wichtigen stachellosen Kulturbrombeeren auf den Markt, unter ihnen eine stachellose Mutation der 'Geschlitztblättrigen Brombeere' namens 'Thornless Evergreen', in den späten 1960er-Jahren folgte die Sorte 'Thornfree'.

Die Brombeere heute

Bis heute ist der Anbau von Brombeeren in Europa wirtschaftlich von geringer Bedeutung, und entsprechend gering sind auch die Züchtungsbemühungen – und das, obwohl der Anbau der Brombeere vergleichsweise einfach ist und gute Gewinnspannen erzielt werden können. In den Südstaaten der USA hingegen, so vor allem an der Züchtungswerkstatt der Universität von Arkansas, werden unter der Bezeichnung «Arkansas-Brombeeren» laufend neue Sorten gezüchtet, die zum Teil auch für den Anbau unter mitteleuropäischen Bedingungen in Frage kommen. Am interessantesten ist dabei die Entwicklung von so genannten «Primocane-Brombeeren», die wie die Herbsthimbeeren bereits an den einjährigen Ruten tragen. Die entsprechenden Sorten werden zurzeit für den kommerziellen Anbau geprüft. Vorteile der Primocane-Brombeeren sind der stark vereinfachte Schnitt und die geringeren Frostprobleme sowie die Möglichkeit, wie bei den Herbsthimbeeren zwei Ernten zu erzielen.

Die heute für den Erwerbsanbau angebotenen Sorten sind durchwegs unbestachelt und wachsen aufrecht. Wie alle Beeren reift die Brombeere nach der Ernte nicht nach. Das gravierende Problem für den Frischmarkt ist daher, dass sie im unreifen Zustand sauer und wenig aromatisch ist, im reifen Zustand aber schlecht transport- und lagerfähig. Bei modernen Sorten wird daher auf diese Merkmale besonders geachtet.

Philadelphia: die Ausprägung der Brombeerruten ist sortentypisch

Botanik und Verwandtschaft

Die Brombeere ist wie die Himbeere eine Vertreterin der riesigen Gattung Rubus, die weltweit in den gemässigten Zonen verbreitet ist. Von der Himbeere unterscheiden sie sich vor allem durch die meist schwarzen Früchte und den Fruchtzapfen, der beim Pflücken in der Beere bleibt.

Die Abgrenzung der einzelnen Brombeerarten ist oft schwierig und wird unterschiedlich vorgenommen. In Europa dürften zwischen 100 und 200 gut definierte und zumindest regional verbreitete Arten vorkommen, doch wurden in der Vergangenheit von besonders eifrigen Botanikern schon 2000 bis 3000 Arten und Varietäten einschliesslich unbedeutender Lokalsippen beschrieben. Allein für die Schweiz führte 1919 eine zusammenfassende Arbeit mehr als 700 Brombeerarten auf.

Die schwierige Artabgrenzung hat ihre Ursache im ganz speziellen Fortpflanzungsmechanismus der Brombeere. Die meisten europäischen Brombeeren vermehren sich durch ungeschlechtliche Samenbildung. Das bedeutet, dass für die Samenentwicklung zwar eine Bestäubung notwendig ist, aber keine Befruchtung stattfindet. Als Klone geben die Pflanzen ihre Eigenschaften unverändert an die Nachkommen weiter. Minimale Veränderungen ergeben sich allenfalls durch vereinzelte Mutationen.

Durch gelegentliche Sexualität können jedoch völlig neue Merkmalskombinationen entstehen, die bei den Hybriden konstant erhalten bleiben. Auf diese Weise kommt es auch heute noch laufend zur Entstehung neuer «Arten». Man nennt die Eigenschaft zur ungeschlechtlichen Samenbildung Agamospermie – und fasst solche schwer unterscheidbaren Artgruppen mit genetisch fixierten Hybriden botanisch in Aggregaten zusammen (daher *Rubus fruticosus agg.)*.

Die meisten Botaniker, die sich mit heimischen Brombeeren beschäftigen, messen der Fruchtqualität wenig Bedeutung zu, daher finden sich in den botanischen Beschreibungen nur selten Angaben über Grösse, Geschmack und Reifezeit der Früchte. Ahornblatt, eine Gärtnerei in Deutschland, macht sich seit einiger Zeit auf die Suche nach heimischen Ausgangsarten für zukünftige Selektionen und fand bei ihrer Sichtungsarbeit bisher unter anderem folgende Arten beachtenswert: 'Faltblättrige Brombeere' *(Rubus plicatus)*, 'Winters Brombeere' *(Rubus winteri)*, 'Grazer Brombeere' *(Rubus graecensis)*, 'Weiche Brombeere' *(Rubus mollis)* und 'Zweifarbige Brombeere' *(Rubus bifrons)*. Viele von ihnen sind von süssem und aromatischem Geschmack.

Interessanterweise wurden die zahlreichen heimischen Wildbrombeeren bisher kaum für Züchtungen verwendet. Einzig die alten Kultursorten 'Theodor Reimers', 'Geschlitztblättrige Brombeere' und 'Farnblättrige Brombeere' haben europäische Wurzeln *(Rubus armeniacus* bzw. *Rubus laciniatus)*. Alle übrigen Kultursorten stammen von verschiedenen amerikanischen Arten ab *(Rubus allegheniensis*, *Rubus canadensis*, *Rubus vitifolius* und andere). Da sich insbesondere die aufrecht wachsenden amerikanischen Arten im Unterschied zu ihren europäischen Verwandten normal sexuell fortpflanzen, eignen sie sich weitaus besser für gezielte Kreuzungszüchtungen.

Die Brombeere wächst als Halbstrauch, deren Langtriebe wie bei den Himbeeren im zweiten Jahr absterben, nachdem sie gefruchtet haben. Die meisten Wildarten sind mehr oder weniger bestachelt und haben drei- bis fünfgeteilte (seltener mehr), handförmig zusammengesetzte Blätter, welche bei einigen Formen wintergrün sind.

Aufgrund ihrer Wuchsform werden die Brombeeren in rankende und in aufrecht wachsende Arten unterteilt. Erstere unterscheiden sich von den aufrechten Sorten durch ihre langen, kletternden oder kriechenden Triebe, deren Spitzen sich beim Bodenkontakt bewurzeln. Aufrecht wachsende Sorten erneuern sich hingegen ähnlich wie rote Himbeeren über Wurzelschösslinge. In den USA kommen die verschiedenen Wuchsformen auch in den Beerenbezeichnungen zum Ausdruck: Rankende Brombeeren werden als «Taubeeren» *(dewberry)* bezeichnet, während die Bezeichnung «Brombeere» *(blackberry)* den aufrecht wachsenden Sorten vorbehalten ist.

Die grossen, fünfzähligen Blüten erscheinen von Mai bis August und sind bei den rankenden Sorten meist hellrosa, bei den aufrecht wachsenden Sorten dagegen rein weiss gefärbt. Die Blüten ergeben eine wertvolle Bienenweide. Trotz Selbstfruchtbarkeit ist der Ertrag bei Fremdbestäubung deutlich höher. Die Frucht, also die eigentliche Brombeere, ist eine Sammelfrucht, die aus kleinen Steinfrüchtchen, etwa 20–50 Stück, besteht. Oft sieht man reife Früchte und Blüten zur gleichen Zeit; die Früchte reifen bei uns meist zwischen Mitte Juli und Anfang Oktober. Die Sammelfrucht reift von grün über rot nach schwarz, wobei Verlauf und Intensität der Verfärbung sortentypisch sind.

Wilde Brombeeren findet man bei uns sehr häufig in Waldschlägen, im Unterwuchs lichter Wälder sowie an Böschungen und Feldrändern. Brombeeren wachsen auf nährstoffreichem, aber auch auf kargem, oft steinigem Boden, den sie mithilfe ihrer langen Ausläufer oder Ranken rasch besiedeln. Einige wenige Arten kommen auf kalkhaltigem Untergrund vor, die meisten bevorzugen allerdings eher saure Böden. Vor allem die rankenden Sorten sind tief wurzelnd und stellen geringe Ansprüche an Boden und Wasserversorgung. Bei Trockenheit werden jedoch nur kleine, saftarme Beeren ausgebildet.

Einzelne Kulturbrombeeren neigen zum Verwildern. Sämlinge von 'Theodor Reimers' bilden vielerorts, auch ausserhalb von Gärten, dichte undurchdringliche Gebüsche und haben sich in der Nähe von Siedlungen völlig eingebürgert. Die Stammart, die 'Armenische Brombeere', gilt heute in weiten Teilen Mitteleuropas als besonders ausbreitungsfreudiger Neophyt, der die vorhandene Vegetation verdrängt.

Spielerei der Natur – aussergewöhnlich geformte Brombeerblüten

Tipps für den Hausgarten

«Es ist fast schwieriger, eine Brombeere umzubringen, als sie fortzubringen», sagt ein Gärtnerspruch. Damit die Brombeere aber eine gute Ernte bringt, braucht sie genügend Licht und Sonne. Oberhalb von 800 bis 900 Metern sind die meisten Sorten erhöhter Winterfrostgefahr ausgesetzt. Brombeeren reagieren insgesamt eher empfindlich auf Frost und sind nur bedingt winterhart. Dies sollte bei der Sortenwahl dem Standort entsprechend berücksichtigt werden.

Die Kultur der Brombeere ist jener der Himbeere fast gleich, jedoch ist die Brombeere die anspruchslosere und benötigt etwas mehr Platz, also einen grösseren Pflanzabstand. Bei rankenden Sorten empfiehlt sich ein Abstand von etwa 4 Metern (bei der besonders starkwüchsigen 'Theodor Reimers' auch mehr), für aufrecht wachsende Sorten genügen 1,5 Meter. Da viele Brombeeren stark in die Breite wachsen, ist ausserdem ein ausreichender Reihenabstand von mindestens 2,5 Meter und ein regelmässiger Rückschnitt der Seitentriebe erforderlich.

Unreife Frucht von Theodor Reimers

Die Brombeerpflanzen werden am besten im April oder Anfang Mai kurz vor dem Austrieb gepflanzt, wenn keine stärkeren Fröste mehr zu befürchten sind und der Boden noch gleichmässig feucht ist. Man setzt sie tiefer, als sie in der Baumschule gezogen wurden, um die Bildung neuer Triebe anzuregen. Damit die Pflanzen nicht austrocknen, werden die Ruten bei der Pflanzung nicht zurückgeschnitten. Über Wurzelschnittlinge können aufrecht wachsende Brombeeren einfach selbst vermehrt werden. Rankende Sorten vermehrt man über bewurzelte Triebspitzen.

In sehr rauen Lagen ist es ratsam, im Herbst um die Pflanze herum Laub zu legen, um den Wurzeln Schutz gegen das Eindringen von starkem Frost zu geben. Bei empfindlichen Sorten können auch die Ranken, nachdem die abgestorbenen und überschüssigen entfernt worden sind, auf den Boden gelegt und mit Fichtenreisig bedeckt werden. Das schützt die Triebe auch in schneelosen kalten Wintern. Wenn die strenge Kälte vorbei ist, deckt man sie wieder auf.

Ähnlich wie die Himbeere liebt die Brombeere Düngung mit hoch qualitativem Kompost und/oder kompostiertem Mist. Die beste Jahreszeit für die Düngung ist Mitte März bis Mitte April. Die meisten Brombeersorten sind während der Ernte auf eine ausgeglichene Bodenfeuchtigkeit angewiesen. Durch konsequentes Mulchen des Strauchstreifens vermeidet man zu starke Feuchtigkeitsverluste. Bei trockenen Verhältnissen ist eine sanfte Bewässerung angebracht.

Geschlitztblättrige Brombeere

England 1770; Syn.: Oregon Evergreen

Die genaue Entstehung der 'Geschlitztblättrigen Brombeere' ist nicht bekannt. Vermutlich wurde die Sorte aus der im nördlichen und westlichen Europa weit verbreiteten atlantischen Brombeerenart *Rubus nemoralis* entwickelt und um 1770 in England in Kultur genommen. Sie ist damit vermutlich die erste Kulturbrombeere, die in Europa angebaut wurde. Allerdings dürften bei der Inkulturnahme weniger die Früchte als vielmehr die attraktive Belaubung eine Rolle gespielt haben. In Nordamerika wurde die Sorte unter dem Namen 'Oregon Evergreen' gehandelt.

Die 'Geschlitztblättrige Brombeere' unterscheidet sich von allen anderen Sorten durch das stark geteilte und bis fast zur Mittelrippe eingeschnittene Blatt. Die Sorte zählt wie 'Theodor Reimers' oder 'Thornfree' zu den rankenden Brombeeren. Allerdings werden in Stocknähe oft auch Wurzelausläufer gebildet. Die dicht mit harten gekrümmten Stacheln besetzten Ranken sind im Vergleich zu 'Theodor Reimers' deutlich schlanker und kürzer, erreichen aber immer noch eine Länge von drei bis vier Metern.

Typische Merkmale finden sich auch bei der Frucht: Die rundlichen bis kegelförmigen, glänzend schwarzen Beeren sind auffallend festfleischig und haben einen zurückgeschlagenen Kelch. Die Ernte setzt spät ein, etwa zwei bis drei Wochen nach 'Theodor Reimers', und dauert bis Mitte Oktober. Vor allem in nasskalten Sommern und in schattigen Lagen reifen die Früchte oft nur schlecht aus oder bleiben hart und sauer. Hinzu kommt, dass die Beeren wegen der Anfälligkeit für die Brombeermilbe oft einzelne rote Teilfrüchtchen aufweisen. In vollreifem, gesundem Zustand sind die Beeren jedoch angenehm süss und aromatisch.

Die 'Geschlitztblättrige Brombeere' ist völlig winterhart und gegenüber der Brombeerrankenkrankheit wenig empfindlich. Sie kann auch an Standorten, an denen 'Theodor Reimers' erfrieren würde, erfolgreich angebaut werden, eignet sich aber nur für vollsonnige Lagen.

Um 1926 fand Ph. Steffes in seinem Betrieb in den USA eine stachellose Mutante von 'Oregon Evergreen', die den Namen 'Thornless Evergreen' (Bild links) erhielt und die ursprüngliche Form sowohl in Amerika als auch in Europa bald verdrängte. Allerdings ist nur die Rinde der Ranken genetisch stachellos (Periklinalchimäre). Die Stachellosigkeit lässt sich deshalb nur bei einer Vermehrung über die Triebspitzen aufrechterhalten, Wurzelschnittlinge und Sämlinge fallen wieder dornig.

In der Schweiz wurde neben der 'Geschlitztblättrigen Brombeere' verbreitet die nah verwandte 'Farnblättrige Brombeere' (Bild rechts) angebaut. Die Sorte unterscheidet sich von der 'Geschlitztblättrigen Brombeere' vor allem durch die deutlich weniger eingeschnittenen und oberseits glänzenden Blätter sowie den allgemein etwas stärkeren Wuchs und höheren Ertrag. Die 'Farnblättrige Brombeere' war nach 1930 jahrzehntelang die wichtigste Erwerbssorte neben der 'Theodor Reimers'. Die Sorte verschwand vor wenigen Jahren aus den Katalogen schweizerischer Baumschulen und Gärtnereien.

Kittatinny

USA 1865

'Kittatinny' ist eine der ältesten Kulturbrombeeren. Sie wurde um 1847 wild wachsend am Fuss der Kittatinny-Berge in New Jersey gefunden und knapp 20 Jahre später von E. Williams in den Handel gebracht. Sie war mehr als ein halbes Jahrhundert lang die Standardsorte im Erwerbsanbau der USA. Auch in Europa fand 'Kittatinny' in den Jahrzehnten vor und nach 1900 einige Verbreitung und war zusammen mit der sehr ähnlichen 'Lawton-Brombeere' als erste aufrecht wachsende Brombeere in Kultur.

'Kittatinny' ist eine extrem starkwüchsige Sorte. Die aufrechten und an der Spitze etwas bogig überhängenden Triebe erreichen unter guten Standortbedingungen problemlos eine Höhe von 3 Metern und mehr und sind vor allem in der oberen Triebhälfte kräftig verzweigt – keine andere aufrecht wachsende Brombeere erreicht die Höhe und Wuchskraft der 'Kittatinny'. Darüber hinaus sind die Triebe bis zur Spitze ausserordentlich dicht und scharf bestachelt. Die meisten dieser Stacheln sind gegen oben gekrümmt, einzelne stehen aber auch waagrecht oder sind sogar rückwärts gerichtet. Wer sich einmal in einem 'Kittatinny'-Busch verfangen hat, kommt nicht ohne Kratzer davon.

Die Beeren sind recht variabel in Form und Grösse, meistens eiförmig oder kegelförmig und recht gross, saftig, weichfleischig bis mässig fest und für eine aufrechte Brombeere aromatisch. Sie reifen in Tallagen ab Mitte bis Ende Juli, etwa zwei bis drei Tage nach 'Wilsons Frühe'. Vereinzelt werden an Seitentrieben neue Blütenrispen gebildet, noch während die ersten Früchte reifen, sodass auch später im Sommer immer wieder einzelne Nachzüglerbeeren gepflückt werden können.

'Kittatinny' ist ausgesprochen robust gegen Winterkälte – eine seltene Eigenschaft bei Brombeeren. Im Unterschied zu den meisten anderen aufrecht wachsenden Sorten erträgt 'Kittatinny' auch vorübergehend Trockenheit.

Auch sonst scheint die Sorte wenig anspruchsvoll zu sein. In der historischen amerikanischen Literatur wird die Sorte allerdings als rostempfindlich beschrieben. In kleinen Hausgärten wird 'Kittatinny' wegen ihrer enormen Wuchskraft rasch zu gross.

Loganbeere

USA 1882

Die 'Loganbeere' wird in amerikanischen Pomologien des frühen 20. Jahrhunderts als wertvollste Einführung der heutigen Generation beschrieben.

Im August 1881 säte J. H. Logan auf seinem Grundstück in Santa Cruz (Kalifornien) Samen der rankenden Brombeersorte 'Aughinbough' aus, in der Hoffnung, eine Kreuzung mit der aufrecht wachsenden Sorte 'Texas Early' zu erhalten. Er zog etwa 50 Sämlinge auf und fand darunter eine Pflanze, die wesentlich grossfruchtiger und kräftiger im Wuchs war als 'Aughinbough' und dunkelrote Beeren besass. Darauf säte er Tausende von Samen dieser neu entdeckten Sorte aus, ohne dass eine davon wieder in die Elternsorte zurückfiel. Die 'Loganbeere' war geboren.

J. H. Logan war der Ansicht, dass er eine Zufallskreuzung zwischen einer Brombeere und einer roten Himbeere gefunden hatte. Ganz in der Nähe der vermeintlichen Kreuzug stand nämlich auch eine unbekannte rote Himbeersorte aus dem Formenkreis der 'Roten Antwerpener'. Die Pflanzeneigenschaften und die Form der Früchte entsprachen in den wesentlichen Merkmalen 'Aughinbough'.

Heute gilt die 'Loganbeere' als genetisch fixierte neue Beerenart *(Rubus* x *loganobaccus)*. Ohne Zweifel unterscheidet sich die 'Loganbeere' in vielerlei Hinsicht von den bei uns üblicherweise kultivierten Himbeeren und Brombeeren. Die lang-stumpfkegelförmigen, matten, anfänglich roten, später schwarzroten Früchte erreichen eine Länge von 3 bis 4 Zentimetern und sind bei Vollreife äusserst druckempfindlich. Der Zapfen ist fest und wird auch beim Kochen nicht weich. Die Vermehrung ist wie bei den rankenden Brombeeren über Triebspitzen möglich.

Die frostempfindlichen, dicht mit kurzen Stacheln besetzten, schlanken Ruten erreichen eine Länge von 3 bis 4 Metern. Seit 1934 existiert auch eine dornenlose Knospenmutante, die von der kalifornischen Firma Bauer in den Handel gebracht wurde und die ursprünglich bedornte Form bis heute völlig verdrängte. Die 'Loganbeere' fand vor allem in den geschützten Tallagen Kaliforniens, Oregons und Washingtons weite Verbreitung. In Europa konzentrierte sich der Anbau auf England, wo die Sorte in den 1930er-Jahren die schwarzen amerikanischen Brombeeren vom Markt verdrängte und zu einer Hauptsorte für die Konservenindustrie und die Fruchtsaftgewinnung wurde. Im deutschsprachigen Raum vermochte sich die 'Loganbeere' wegen ihrer geringen Frosthärte und dem arteigenen, stechend sauren Geschmack nicht breit durchzusetzen.

Mammoth

USA vor 1900

Die amerikanische Brombeere 'Mammoth' erscheint in den ersten Jahrzehnten des 20. Jahrhunderts in Europa immer wieder in Fachzeitschriften und Pflanzkatalogen und wird als die grossfruchtigste Brombeere beschrieben. Die Sorte soll früh reifen und nicht ganz winterhart sein.

Im Herkunftsland USA wurde die Bezeichnung 'Mammoth' zum Teil für eine ganze Gruppe grossfruchtiger, aufrecht wachsender Brombeeren sowie für verschiedene rankende Sorten verwendet. Es ist nicht ganz klar, um welche Sorte es sich bei der 'Mammoth' in europäischen Katalogen handelt und ob nicht nur eine alte Sorte unter einem neuen Namen gehandelt wurde.

Die 'Mammoth' bei ProSpecieRara und Arche Noah unterscheidet sich deutlich von den übrigen aufrecht wachsenden Sorten: Die Pflanze zeigt nur eine geringe Tendenz zur Bildung von Wurzelschösslingen, die grünen Triebe sind auffallend stark gerieft und im oberen Teil stark verzweigt und im Vergleich zu 'Kittatinny' kürzer. Auch die Beeren zeigen Unterschiede. Auffallend ist insbesondere die intensiv leuchtend rote Verfärbung vor dem Schwarzwerden der Früchte. Ganz allgemein scheint der Reifeprozess bei dieser Sorte besonders lange anzudauern, denn selbst glänzend schwarze und auf den ersten Blick reife Beeren sind beim Kosten ziemlich sauer und entfalten einen unangenehmen, bitteren Nachgeschmack. Erst bei absoluter Vollreife werden die Beeren weich und geniessbar. Leider sind die Früchte bis zu diesem Zeitpunkt meistens bereits von den Vögeln angefressen oder verschimmelt.

Taylors Fruchtbare

USA 1867; Syn.: Taylor's Prolific

Die um 1867 von Taylor aus Spiceland (Indiana) eingeführte 'Taylors Fruchtbare' war lange Zeit die bevorzugte kommerziell angebaute Brombeere in den USA und wurde auch von Gartenbauvereinigungen eifrig angepriesen. In Europa zählte die Sorte Mitte des 20. Jahrhunderts zu den meistangebauten aufrecht wachsenden Brombeeren, ohne allerdings nur annähernd die Verbreitung der rankenden Sorten zu erreichen.

Typisch für 'Taylors Fruchtbare' sind die aufrechten, schlanken, gelbgrünen, verästelten und bis zur Spitze sehr hart und spitz bewehrten Ruten, die im Unterschied zur ähnlichen 'Wilsons Frühe' im Winter kaum oder nur sonnwärts gerötet sind. Die Teilblätter der meist fünfgeteilten Blätter sind auffallend schmal und haben eine lang ausgezogene Spitze.

Geschmacklich gehört 'Taylors Fruchtbare' zu den ansprechenderen Brombeersorten. Das Aroma erinnert ein wenig an Heidelbeeren. Die einige Tage nach 'Wilsons Frühe' reifenden, glänzend schwarzen, länglich-kegelförmigen bis elliptischen Beeren sind ziemlich fest und haben einen weichen Zapfen. Ihre Grösse hängt stark von der Bodenfeuchtigkeit und dem Nährstoffgehalt des Bodens sowie vom Fruchtansatz ab. Bei Trockenheit und starkem Fruchtbehang bleiben die Früchte klein, sodass sich eine Ernte kaum lohnt. Auch sonst ist die Sorte eher ertragsarm. Dass 'Taylors Fruchtbare' trotzdem verbreitet angebaut wurde, verdankt sie ihrer Widerstandsfähigkeit gegen Rost und der Fruchtqualität, ferner ihrer mässigen Frosttoleranz.

Theodor Reimers

Deutschland/USA um 1900

'Theodors Reimers' entspricht den gängigen Vorstellungen einer Brombeere. Auch über hundert Jahre nach ihrer Einführung ist die Sorte bei uns die am häufigsten kultivierte Brombeere, zumindest in Hausgärten und im Selbstversorgeranbau.

'Theodor Reimers' lässt sich mit keiner anderen Kulturbrombeere verwechseln. Die äusserst starkwüchsige Sorte bringt bis zu 8 Meter lange, dicht mit scharfen, rotfüssigen Stacheln besetzte Ranken hervor, deren Spitzen sich bei Bodenkontakt rasch bewurzeln. Die grossen fünfteiligen Blätter sind auffällig gewölbt und haben eine weissfilzige Blattunterseite. Aus den Blattachseln entwickeln sich bereits im ersten Jahr reichlich vegetative Seitentriebe, die laufend eingekürzt werden müssen, um die Pflanze einigermassen im Zaum zu halten.

Die kaum transportfähigen Beeren sind rundlich bis kurz-kegelförmig, weich, ausserordentlich aromatisch und in vollreifem Zustand angenehm süss. Bei ausreichender Wasserversorgung legen die Beeren noch während des Schwarzwerdens stark an Grösse zu. Da 'Theodor Reimers' anfällig für die Brombeermilbe ist, bleiben oft einzelne Teilfrüchtchen rot und sauer.

Die genauen Umstände der Entstehung von 'Theodor Reimers' sind unbekannt. Historischen Berichten zufolge soll ein englischer Missionar um 1898 Samen aus dem Himalaja nach Nordamerika zu Luther Burbank gebracht haben, der die Sorte kurz darauf unter dem Namen 'Himalaya' verbreitete, im Glauben, die Sorte stamme tatsächlich aus dem Himalaja. Gleichzeitig wurde die Sorte von Theodor Reimers in Deutschland eingeführt.

In Hausgärten wurde 'Theodor Reimers' vielfach zum Beranken von Zäunen und kahlen Mauern empfohlen. Die Sorte hat im Vergleich zu den amerikanischen aufrecht wachsenden Brombeeren wesentlich geringere Ansprüche an den Nährstoff- und Feuchtigkeitsgehalt des Bodens. Einzig die schwache Frostresistenz macht 'Theodor Reimers' zu schaffen. Die Ruten erfrieren bei Temperaturen unter minus 15 °C und benötigen daher in frostgefährdeten Lagen einen Winterschutz.

Thornfree

USA 1966

'Thornfree' entstand 1959 in den USA aus einer Mehrfachkreuzung zwischen verschiedenen amerikanischen Brombeersorten. Eltern sind unter anderem die in der ersten Hälfte des 20. Jahrhunderts häufig angebaute rostresistente 'Eldorado' und die stachellose 'Merton Thornless'. Die Sorte gelangte 1966 in den Handel und wurde kurz darauf in Europa eingeführt.

'Thornfree' ist wegen ihrer Stachellosigkeit vor allem bei Pflückerinnen und Pflückern beliebt. Ansonsten ist die Sorte anspruchsvoll, insbesondere was die Fruchtqualität betrifft. Die spät reifenden, grossen, länglichen, zuerst schmutzig-weinroten, dann schwarz glänzenden Früchte sind nur in vollreifem Zustand und in guter Lage (Weinbauklima) geschmacklich befriedigend. Die Fruchtsäure wird erst sehr spät abgebaut, sodass die Beeren unmittelbar nach dem Schwarzwerden noch nicht völlig ausgereift sind.

In höheren Lagen und an schattigen Standorten sowie bei ungünstigen Witterungsbedingungen leidet die Sorte unter starkem Aromaverlust. Im übrigen ist 'Thornfree' recht robust und liefert hohe Erträge. Ihre Winterhärte ist mit der 'Geschlitztblättrigen Brombeere' vergleichbar.

Wilsons Frühe

USA 1954; Syn.: Wilson's Early

'Wilsons Frühe' wurde 1854 von John Wilson aus Burlington (New Jersey) als Zufallssämling gefunden und gelangte kurz darauf in den amerikanischen Handel. Allerdings blieb ihr Anbau vorerst auf die Herkunftsregion beschränkt und fand erst einige Jahrzehnte später grössere Verbreitung. Die sehr begrenzte Reifeperiode von nur gerade etwa zwei bis drei Wochen und die vergleichsweise hohen und regelmässigen Erträge machten die Sorte vor allem für den Erwerbsanbau interessant.

Die Sorte fiel bald auch durch ihre hohe Winterhärte auf, die einen Anbau in unserem Klima erlaubte. So wurde 'Wilsons Frühe' im Laufe des 20. Jahrhunderts bis in die 1960er- und 1970er-Jahre zur meistangebauten aufrecht wachsenden Brombeere im Markt- und Selbstversorgeranbau. Im Vergleich zu den rankenden Sorten blieb ihre Bedeutung bei uns allerdings eher gering.

Wie bereits der Name andeutet, zählt 'Wilsons Frühe' zu den Frühsorten, wobei die Beeren nur wenige Tage vor 'Kittatinny' oder der rankenden Sorte 'Theodor Reimers' reifen. Die rundlichen bis kurzkegeligen Beeren sind süss und wenig aromatisch, der Geschmack erinnert ein wenig an Holunder. Hinzu kommen die vielen grossen Samen, die beim Frischkonsum störend wirken. Die Qualität der Früchte hängt ferner stark vom Standort ab. Die Sorte benötigt mittelschwere bis schwere, nährstoffreiche und genügend feuchte humose Böden und bringt an ungeeigneten Standorten nur kleine, trockene und ausgesprochen fade Früchte hervor.

Die Johannisbeere

Das süsssaure Vergnügen

Volksname und Volksglaube

Die Bezeichnung Johannisbeere (früher auch «St. Johannesträublein» oder «St. Johannesbeerlein») beruht auf dem Zusammenhang mit dem Johannistag (Sommersonnwende).

Häufig leiten sich mundartliche Bezeichnungen auch vom botanischen Namen «Ribes» ab: in Norddeutschland Riebs (Lübeck), Riiblis (Nordfriesland), Rippels (Schleswig) und Ribisl oder Ribisel in Bayern und Österreich. *Ribes* erscheint erstmals im 13. Jahrhundert und geht vermutlich auf das arabische Wort *ribas* («fruchtbehangener Zweig») oder *riwas* zurück. Dies bezeichnete bei den Arabern einen Rhabarber, eine alte Arzneipflanze, aus deren Blattstielen und Früchten ein kühlendes, gegen Fieber angewandtes Getränk *(rob riebes)* zubereitet wurde. Diese Pflanze, die übrigens im 19. Jahrhundert in England ihrer Blattstiele wegen kultiviert wurde, ist in den Gebirgen des Orients heimisch und war in Europa vollkommen fremd. Die Johannisbeere diente (neben Sauerampfer und einer Eichenart) als Ersatzrohstoff für dieses Heilmittel, da sie ebenfalls fiebersenkend wirkt. Dies könnte die Ursache der Namensübertragung gewesen sein.

Die schwarze Johannisbeere wird auch Aalbeere oder Ahlbeere genannt, Bocksbeere, Gichtbeere, Schwarze Träuble, Wanzenbeere und in Österreich schwarze Ribisel. Die englische Bezeichnung *currant* entstand aus der irrigen Annahme, Korinthen (gedörrte Weintrauben, Rosinen) stammten vom Johannisbeerstrauch.

Rote Gondouin – die rot gesprenkelten Blüten sind typisch für Abkömmlinge der Felsjohannisbeere

Die Johannisbeere ist im Volksglauben eng mit dem Johannistag bzw. der Johannisnacht verknüpft – und der Gicht. Unter den Gichtheilpflanzen der verschiedenen Gattungen schrieb man jenen besondere Kraft zu, die in der Johannisnacht oder am Johannistag gepflückt werden – also dem Tag, an dem die Sonne den höchsten Stand im Jahreslauf erreicht. Man nannte diese Pflanzen «Hexenkräuter», «Berufskräuter», «Beschreikräuter» oder «Gichtkräuter». Die auffallend rote Farbe der Johannisbeere, die mit ihrem Leuchten an die Sonnenscheibe erinnert, und ihre Reifezeit um den Johannistag zeichnete diese Beere als besonders wirksames «Gichtkraut» aus.

Unscheinbar attraktiv: die Johannisbeerblüte; Houghton Castle

So hiess es zum Beispiel, dass ein Gichtkranker sein Leiden loswürde, wenn er Zweige eines schwarzen Johannisstrauches berühre, die zuvor von einer nackten Jungfrau bei abnehmendem Mond gestohlen worden waren. Man konnte aber die Gicht auch vertreiben, indem man am Christtag um Mitternacht nackt und schweigend einen Johannisbeerstrauch (Gichtbaum) versetzte und dabei bestimmte Segnungen sprach. In Anlehnung daran glaubte man, dass einzeln stehende Johannisbeersträucher von Gichtkranken gepflanzt worden seien und bei Berührung Gesunden gefährlich werden könnten.

Die Kulturgeschichte der Johannisbeere

Vermutlich interessierten sich die Römer nicht für die Johannisbeere, diese saure Beere des Nordens. Sie zogen wohl die süssen Trauben und die vielen anderen Obstarten, die ihnen zur Verfügung standen, vor. Zudem kommen wilde Formen der Johannisbeere in Italien nur spärlich und in Griechenland gar nicht vor. In den einschlägigen römischen Schriften wird keine Beerenfrucht erwähnt, deren Beschreibung auf die Johannisbeere zutreffen könnte.

Es ist nicht ganz geklärt, von wo die Nutzung und Kultur der roten Johannisbeere ausging und seit wann – von Süddeutschland, der Schweiz, den Niederlanden, den Küsten Dänemarks, vom Baltikum oder von Frankreich aus. Sicher nicht zutreffend ist die Herleitung ihres Ursprungs von Griechenland oder der arabischen Halbinsel, auch wenn dies zuweilen in der Literatur angegeben wird. Vermutlich wurden wilde Johannisbeeren an verschiedenen Orten zur gleichen Zeit genutzt, entsprechend der natürlichen Verbreitung der Wildformen – also die Felsjohannisbeere in Süddeutschland, der Schweiz und Tirol und die Kirschjohannisbeere in Frankreich, den Niederlanden, Dänemark und im Baltikum.

Wahrscheinlich wurde die rote Johannisbeere seit dem Ende des 14. Jahrhunderts von Mönchen und Nonnen verbreitet, die die Pflanzen wegen ihrer medizinischen Wirkung zunächst wild sammelten und schliesslich anpflanzten. In der Renaissance wurde die Johannisbeere dokumentiert; die erste Beschreibung einer roten Johannisbeere der Art *Ribes rubrum* als Heilmittel findet sich 1484 im Mainzer Herbarium.

In den Kräuterbüchern des 16. Jahrhunderts wird die Johannisbeere häufig als Zierstrauch, Obststrauch und Heilpflanze genannt. Eine bereits im 16. Jahrhundert gebräuchliche Arznei war der Johannisbeersirup aus roten Johannisbeeren. Die ersten beschriebenen Johannisbeeren entsprechen dem Typus der 'Kirschjohannisbeere' und der 'Felsjohannisbeere'. Camerarius erwähnt den Bezug von grossen und stark sauren roten Johannisbeeren aus dem Garten des Erzherzogs Ferdinand in Innsbruck und nennt sie *ribes baccis rubris majoribus*. Einige Autoren nehmen an, dass es sich dabei um einen Vorläufer der 'Roten Holländischen' handelt, jedenfalls um eine 'Felsjohannisbeere' *(Ribes petraeum)*. Ende des 16. Jahrhunderts wird in England auch erstmals eine weissfrüchtige Johannisbeere beschrieben.

In den meisten nordeuropäischen Ländern war die schwarze Johannisbeere *(Ribes nigrum*, *Ribes* sp.) seit langer Zeit als Medizinalpflanze in Verwendung. Einer niederländischen Chronik entsprechend wird die schwarze Johannisbeere erstmals um 1460 erwähnt, also etwa zeitgleich mit der roten Johannisbeere. Aus den Blättern und den jungen Trieben wurde ein stärkendes, blutreinigendes und gegen Gichtleiden empfohlenes Getränk hergestellt. Die meisten frühen Botaniker bewerteten die schwarze Johannisbeere daher auch nicht in Bezug auf ihre kulinarische Qualität, sondern nur als Medizinalpflanze.

In der zweiten Hälfte des 16. Jahrhunderts begann man, dieser Beere wachsende Aufmerksamkeit zu schenken. 1611 importierte Tradescant schwarze Johannisbeeren aus den Niederlanden nach Grossbritannien. Der englische Botaniker J. Rea beschrieb kleine schwarze Johannisbeeren, bemerkte jedoch: «nicht anbauwürdig». Im Laufe des 18. Jahrhunderts wurden schwarze Johannisbeeren in Osteuropa in Kultur genommen und auf Bauernmärkten in Russland gehandelt. Die Ansichten über den Geschmack der schwarzen Johannisbeere gingen seit jeher auseinander. Einige Botaniker schilderten die schwarze Johannisbeere als Frucht mit unangenehmem Geruch, während andere den Geschmack als angenehm und interessant beschrieben.

Die Engländer, die sich bereits als hervorragende Obstzüchter anderer Arten profiliert hatten, übernahmen bald eine führende Rolle in der Sortenentwicklung und Kultur der roten und weissen Johannisbeeren. 1629 beschrieb Parkinson in seinem Werk *Paradisi in Sole Paradisus Terrestris* erstmals die grossfrüchtige, rote Johannisbeere, 'Rote Holländische', die 1620 aus den Niederlanden nach England gekommen war. Sie ist ein Abkömmling der 'Felsjohannisbeeren' *(Ribes petraeum)* und wird noch heute für den Hausgarten angeboten. Ebenfalls 1629 wurden mit der 'Roten Holländischen' erstmals kultivierte Sorten der roten Johannisbeere nach Nordamerika eingeführt. Im Gegensatz zur schwarzen Johannisbeere, die in Nordamerika wenig Anklang fand, wurden die roten Johannisbeeren mit einiger Begeisterung aufgenommen.

Farbspielereien einer (noch) unbekannten Sorte aus der Verwandtschaft von Heinemanns Spätlese

Im kühlen England, wo viele wärmebedürftigere Früchte, wie zum Beispiel die Weintraube, kaum gedeihen, nahm die Johannisbeere bald einen bedeutenden Platz ein. 1778 wurden in *Mawe's Dictionary of Gardening and Botany* bereits sechs Johannisbeersorten namentlich erwähnt. Die damalige Sortenzüchtung beruhte meist auf Auswahl und Anbau von Zufallssämlingen, die aus auf den Boden gefallenen Samenkörnern gewachsen waren.

Neben Wein wurde auch ein limonadenartiges Getränk mit dem Namen *shrub* aus Johannisbeeren hergestellt. Man verwendete Johannisbeersaft auch, um sauren Punsch herzustellen; dieser war gegen Ende des 17. Jahrhunderts in den Pariser Cafés in Mode.

Auch die schwarze Johannisbeere wurde schon früh in Frankreich, Holland und England für die Herstellung von Likör, Säften und Essenzen genutzt. Die Weiterentwicklung der schwarzen Johannisbeere vom Wildobst zum Kulturobst begann mit der Suche nach grösseren und im Geschmack milderen Früchten in den Wildbeständen in Nord- und Westeuropa (z. B. England, Frankreich und Holland). 1827 waren in England bereits fünf Sorten namentlich bekannt und beschrieben. In Frankreich wurde die Herstellung des *Crème de Cassis* (Johannisbeerlikör) von Wein und Kompott intensiviert; dafür pflanzte man ab 1841 rund um Dijon Sorten der schwarzen Johannisbeeren aus. Joseph Vercier nennt 1925 zehn Sorten, die diesem Zweck dienten, darunter 'French Black' und 'Noir de Bourgogne'. Die Herstellung des *Crème de Cassis* in Frankreich hatte enormen Einfluss auf die Entwicklung der schwarzen Johannisbeere. Erstmals wurden hier im grossen Stil schwarze Johannisbeeren verarbeitet und angebaut. Zum Rohgenuss waren die Beeren der Wildart und der ältesten Sorten wegen ihres eigentümlichen Geruchs und Geschmacks wenig beliebt. England bezog bis ins 20. Jahrhundert grosse Mengen an schwarzen Johannisbeeren aus Deutschland, wo diese gesunden Beeren lange Zeit keinen Anklang fanden.

In Nordamerika entstand durch die Obstkonservenindustrie, die sich im 19. Jahrhundert rasant entwickelte, eine steigende Nachfrage nach Johannisbeeren. Der Anbau, der sich bis dahin auf Hausgärten für die eigene Selbstversorgung beschränkt hatte, wurde im grossen Stil lukrativ. Amerika produzierte um die Jahrhundertwende auf mehr als 2800 Hektaren Johannisbeeren im Wert von mehr als 1,4 Millionen Dollar. Bis 1925 wurden in den USA und Kanada noch 70 Sorten rote, 14 schwarze und fünf weisse bzw. gelbe Johannisbeeren angebaut. Der Anbau der Johannisbeeren wurde jedoch in den USA verboten, als der Johannisbeer-Säulenrost in den 1920er-Jahren in den USA Fuss fasste und die amerikanischen Pinienbestände bedrohte. Tausende von Hektaren Kulturen wurden damals zerstört. Man setzte sogar Militärtruppen ein, um die Büsche zu roden. Die Bemühungen, den gefährlichen Säulenrost durch das Johannisbeer-Anbauverbot auszurotten, schlugen jedoch weitgehend fehl, da eine Reihe von wilden Ribes-Formen in den USA und Kanada heimisch sind und ebenso als Zwischenwirt des Johannisbeer-Säulenrosts dienen. Erst 1966 wurde mit der Einführung von pinienrostresistenten Sorten das Anbauverbot von Johannisbeeren in den meisten Bundesstaaten der USA wieder aufgehoben.

Im deutschsprachigen Gebiet gab es lange Zeit keinen Erwerbsanbau im grossen Stil. Stattdessen wurden Kleinstmengen in den privaten Hausgärten gepflückt, von Händlern eingekauft und am Markt feilgeboten. Erst Ende des 19. Jahrhunderts bekam die Kultur der Johannisbeeren im Erwerbsanbau grössere Bedeutung – als die vorherrschende Beerenkultur der Trauben bzw. Reben durch die Reblaus und den Mehltau innerhalb weniger Jahre dahingerafft wurde und die professionelle Obstverwertung ihren Aufschwung nahm. Die Weinbauern suchten und fanden Ersatz für die Trauben im Beerenobst, insbesondere in den Johannis- und Stachelbeeren.

Ein anschauliches Beispiel für diese Entwicklung bietet die niederösterreichische Gemeinde Kritzendorf nordwestlich von Wien: Vor der Reblausplage lebte Kritzendorf hauptsächlich vom Rebbau. Der Wein wurde einerseits in den lokalen Buschenschanken als «Heuriger» ausgeschenkt, andererseits nach Wien verkauft. Auf den weniger günstigen Lagen, wo die Trauben nicht gedeihen wollten, wurde Beerenobst angebaut, ebenso in den Hausgärten. Nachdem die Rebberge innerhalb kürzester Zeit durch die Reblaus vernichtet worden waren, machten die Kritzendorfer aus der Not eine Tugend und bauten auf den ehemaligen Weinbergen rote Johannisbeeren, in Österreich «Ribisel» genannt, an. Die Beeren wurden, wie vordem die Trauben, hauptsächlich zu Wein gekeltert. Ein Teil gelangte als Frischware auf die Wiener Märkte, ein weiterer Teil wurde zu Saft verarbeitet. Der Ribiselwein (Johannisbeerwein) konnte bald die Herzen der Weinliebhaber erobern und wurde in eigenen Ribiselheurigen ausgeschenkt. In den 1920er-Jahren erreichte der Anbau der roten Ribisel in Kritzendorf mit 25 Hektaren Anbaufläche seinen Höhepunkt.

Als die Reblaus überwunden war und der Mehltau als neue Krankheit einige Beerenkulturen stark in Mitleidenschaft gezogen hatte, eroberten die Trauben wiederum viele Rebberge zurück. Der Ribiselwein verlor seine Bedeutung als Weinersatz, und die Anbauflächen von roten Johannisbeeren gingen wiederum zurück. Nach dem Ersten Weltkrieg, als alle Lebensmittel knapp waren, erlebte Beerenwein nochmals einen grossen Aufschwung, da er ohne viel Material- und Maschinenaufwand auch im eigenen Haushalt zur Selbstversorgung hergestellt werden konnte. Danach verloren auch die Ribiselkulturen bei Wien mehr und mehr an Bedeutung. Einigen blieb der Johannisbeerwein jedoch als besonderes Getränk und Spezialität lieb, und auch heute noch wird stets eine gewisse Menge Ribiselwein erzeugt und abgesetzt.

Fleischfarbene Champagner

Die Johannisbeere heute

Im Gegensatz zur roten und weissen Johannisbeere, die heute vor allem als Frischware vermarktet wird und deren Erwerbsanbau rückläufig ist, wird der Grossteil der schwarzen Johannisbeeren für die industrielle Verarbeitung angebaut und mechanisch geerntet. Von handgeführten Schüttelpistolen mit Pressluft, Öldruck- oder Elektroantrieb bis zu technisch ausgereiften Vollerntemaschinen fand in Europa seit Mitte der 1960er-Jahre eine erstaunlich rasche technische Entwicklung statt. Der Arbeitskraftbedarf für die Ernte wurde damit von über 1000 Arbeitskraftstunden pro Hektare auf 14 Arbeitskraftstunden pro Hektare gesenkt. Diese Entwicklung führte zu einem Boom in der Produktion der schwarzen Johannisbeere, deren gesundheitlich positive Wirkung gleichzeitig wiederentdeckt wurde.

Die weltweite Produktion nahm in den vergangenen zehn Jahren um 35 % zu. Deutschland hat eine bedeutende Produktion von Johannisbeeren und stand im Jahr 2005 mit einer Johannisbeerproduktion von 148000 Tonnen hinter der russischen Föderation (402000 Tonnen) und Polen (180000 Tonnen) auf Platz drei der Weltproduktion. Die Schweiz produzierte geringe Mengen (370 Tonnen), Österreich rund 19000 Tonnen. Rote Johannisbeeren werden vor allem für Säfte und andere Verarbeitungsprodukte verwendet, oft in Kombination mit anderen Früchten, weisse Johannisbeeren für Babynahrung und in Finnland für Schaumwein.

Rovada – eine Hochertragssorte

Botanik und Verwandtschaft

Die roten und die schwarzen Johannisbeeren gehören ebenso wie die Stachelbeere der Gattung Ribes (Grossulariaceae) an, von der etwa 150 wilde Arten bekannt sind. Es gibt vier Untergattungen: Berisia (darunter z. B. die Alpenjohannisbeere *Ribes alpinum*), Ribesia (rote und weisse Johannisbeeren), Coreosma (schwarze Johannisbeeren) und Grossularia (Stachelbeeren). Sie alle bilden Sträucher und gedeihen vorwiegend im gemässigten und kühlen Klima in Europa, Asien und Nordamerika.

Aus zehn bis zwölf Wildarten der Gattung Ribes entwickelten sich Kultursorten von Beerenobst, nämlich die roten, die weissen (*Ribes rubrum* und andere Ribes-Arten) und die schwarzen Johannisbeeren (*Ribes nigrum* und zahlreiche Hybriden mit anderen Ribes-Arten), die Stachelbeeren (z. B. *Ribes uva-crispa*) und die Jostabeeren *(Ribes* x *nidigrolaria)*. Die verwandtschaftliche Nähe von Johannisbeere und Stachelbeere wird durch die beiden nordamerikanischen Arten *Ribes lacustre* und *Ribes montigenum* deutlich. Sie sind bestachelt und bilden sozusagen den natürlichen Übergang zwischen Stachelbeeren und Johannisbeeren.

Eine wilde Stammform der schwarzen Johannisbeere *(Ribes nigrum)* ist im östlichen Nordeuropa und Nord- und Mittelasien heimisch. Man findet sie in Wäldern an feuchten Stellen, oft unter Erlen am Rande von Niedermooren. In die heutigen Kultursorten der schwarzen Johannisbeeren sind meist andere Wildarten von Ribes eingekreuzt (*Ribes dikuscha* und *Ribes ussuriensis*).

An der Entstehung der heutigen roten, rosa und weissen Johannisbeersorten sind vor allem drei Wildarten europäischen Ursprungs beteiligt (die Johannisbeere gehört dementsprechend zu den wenigen Obstarten, die man als heimisch bezeichnen könnte).

- Die 'Felsjohannisbeere' *(Ribes petraeum)*: Sie ist mitten in Europa und Asien heimisch und kommt gern in hoch gelegenen alpinen Gebieten und im kühlen Norden als Wildpflanze vor, bis in die sibirische Taiga. Sie und die meisten ihrer Abkömmlinge sind widerstandsfähig gegen die Blattfallkrankheit *(Drepanopeziza ribis)*.
- Die rote Johannisbeere *(Ribes rubrum)*, zu der nach neueren Erkenntnissen auch die 'Kirschjohannisbeere' (ehemals *Ribes sativum*) zählt: Sie hat ein ähnliches Verbreitungsgebiet wie die 'Felsjohannisbeere' – von Westeuropa über Mitteleuropa und Skandinavien bis in den hohen Norden Zentralasiens, bevorzugt aber die milden Tieflagen.
- Die 'Vielblütige Johannisbeere' *(Ribes multiflorum)*: Sie ist als einzige Art weiter südlich im Mittelmeerraum beheimatet und kommt wild zum Beispiel am Balkan, in Bulgarien, Italien und Griechenland vor.
- In der modernen Züchtung werden weitere Wildarten von Ribes verwendet, darunter die 'Nordische Johannisbeere' *(Ribes spicatum)*, die ebenfalls in Europa und den gemässigten Klimazonen Asiens beheimatet ist.

Bereits seit dem 19. Jahrhundert wird die amerikanische 'Gold-Johannisbeere' *Ribes aureum* var. *villosum* (früher *Ribes odoratum*) als Kulturpflanze angebaut. Es existieren mehrere Fruchtsorten, von denen 'Crandall' am weitesten verbreitet ist. Der Strauch wird bis zu 3 Meter hoch, die schwarzen Beeren reifen in Massen im Spätsommer und unterscheiden sich im Geschmack von den uns bekannten Johannisbeeren deutlich. 'Crandall' ist resistent gegen den Säulenrost und zeigt keine Symptome des amerikanischen Stachelbeermehltau. Für ornamentale Zwecke dank dekorativer, leuchtend gelber Blüten und schöner Laubfärbung im Herbst oder als Unterlage für Stachelbeerbäumchen wird die 'Gold-Johannisbeere' auch heute gern im Garten und in der Baumschule verwendet.

Tipps für den Hausgarten

Johannisbeeren stellen geringe Ansprüche an Boden und Klima; am besten gedeihen sie auf tiefgründigen humusreichen Böden. Das Holz ist ausserordentlich frostfest, sodass ein Anbau bis in Höhenlagen von 1400 Meter möglich ist. Die relativ frühe Blüte hingegen ist spätfrostgefährdet. Deshalb sollten Spätfrostlagen ebenso wie Südhänge, die sich im Frühjahr kurzfristig stark erwärmen und so die Pflanze zu einem frühen Austrieb anregen, gemieden werden. Pflanzungen auf Ost- oder Nordhängen sind weniger durch Blütenfrost gefährdet.

Der Zeitpunkt der Blüte ist sortenabhängig, schwarze Johannisbeeren blühen im Allgemeinen früher als rote Johannisbeeren. Johannisbeeren lieben vollsonnige Standorte, ertragen allerdings extreme Sommerhitze schlecht. Im warmen Weinbauklima sollten Johannisbeeren deshalb halbschattig gepflanzt werden. Da andere Obst- und Gemüsearten sonnige Standorte zum guten Gedeihen dringender benötigen als Johannisbeeren, werden diese gern und ohne gravierende Nachteile halbschattig zwischen Obstbäumen oder am Rand von Hecken gepflanzt. Rote Johannisbeeren sind meist selbstfruchtbar, auch einzelstehende Stöcke bringen ausreichend Früchte hervor. Schwarze Johannisbeeren hingegen sind teilweise selbststeril, weshalb unbedingt mindestens zwei Sorten in nächster Nähe gepflanzt werden sollten.

Die Pflanzen sollte man immer tiefer setzen, als sie in der Baumschule gestanden haben. Deshalb wird die Pflanzgrube so tief ausgehoben, dass die unterste Verzweigung noch mit Erde bedeckt ist. Je tiefer gepflanzt wird, desto stärker ist später die Neigung zur Bildung von Bodentrieben. Nach der Pflanzung werden die fünf stärksten Triebe der Johannisbeeren auf einen Drittel ihrer Länge eingekürzt. Sind mehr als fünf Triebe vorhanden, so werden die überzähligen bodeneben weggeschnitten.

Johannisbeeren ertragen häufiges Unkrauthacken rund um den Stock schlecht, da das flache Wurzelsystem der Sträucher durch die Bodenbearbeitung geschädigt wird. Deshalb ist eine Mulchschicht aus organischem Material zur Unterdrückung des Unkrautwuchses und zur Konservierung der Bodenfeuchte sehr zu empfehlen. Man kann verrottete Holzschnitzel, Schilfstroh, Grünschnittkompost oder Flachsschäben verwenden. Zur Sicherstellung einer guten Unkrautunterdrückung muss die Schicht genügend hoch sein (ungefähr 10–15 Zentimeter). Nach spätestens drei Jahren muss wieder neues Mulchmaterial aufgebracht werden. Da die Johannisbeeren die Mulchschicht durchwurzeln, sollte diese nie im Frühjahr bis zur Ernte, sondern im Herbst entfernt werden. Idealerweise bleibt jedoch die Mulchschicht übers Jahr bestehen und wird bei Bedarf ergänzt.

Während der Fruchtbildung ist der Wasserbedarf am grössten. Eine ausreichende Bewässerung wirkt sich positiv auf Ertrag und Fruchtgrösse aus. Bei der Bewässerung sollten die Früchte trocken bleiben (z. B. Tröpfchenbewässerung). Generell ist nach der Pflanzung reichlich zu bewässern.

Im Hausgarten werden Johannisbeeren hauptsächlich als Busch erzogen. Rote Johannisbeeren werden auch als Hochstämmchen angeboten; das erleichtert die Ernte und auch die Unkrautbekämpfung. Die Lebensdauer von Hochstämmchen ist deutlich kürzer. Die hohe Veredelungsstelle erweist sich häufig als Schwachstelle, sodass die Krone unter der Last von Beeren oder Schnee vom Stamm abbricht. Wichtig ist deshalb, das Hochstämmchen mittels eines Pfahls, der in die Krone hineinreicht, vor Bruch zu schützen.

Rote Johannisbeeren können auch mit Hilfe eines Drahtgerüstes als Hecke erzogen werden. Drei Drähte in 60, 120 und 170 Zentimeter Höhe werden waagrecht gespannt und drei Triebe pro Pflanze hinaufgezogen. An der Hecke entwickeln sich die Beeren besonders schön, weshalb für den Verkauf am Frischmarkt heute nur mehr die Heckenerziehung in Frage kommt. Schwarze Johannisbeeren eignen sich für diese Erziehungsform weniger.

Die schönsten Früchte entwickeln sich bei den schwarzen Johannisbeeren am einjährigen Holz, bei den meisten roten Johannisbeeren an den einjährigen Seitentrieben und an zwei- bis dreijährigen Haupttrieben. Je älter die Triebe werden, desto kleiner bleiben die Beeren. Deshalb ist ein regelmässiger Schnitt von Bedeutung. Zwei bis drei Jahre nach der Pflanzung haben Johannisbeerbüsche ihre ideale Grösse erreicht; sie besitzen dann acht bis zwölf starke Bodentriebe. Ab diesem Zeitpunkt sollten jährlich zwischen August und Februar die zwei oder drei ältesten Triebe bodeneben weggeschnitten werden. Sämtliche Jungtriebe werden ebenso entfernt, lediglich zwei bis drei bleiben stehen.

Die Johannisbeer-Lese erfordert Zeit und Musse

Kompost und Mist können von Februar bis Mitte April ausgebracht werden, andere Dünger (Kali, Kalk etc.) bis Mitte März. Eine Düngergabe alle zwei bis drei Jahre ist zu empfehlen. Achtung: Zu hohe Stickstoffmengen bewirken ein zu starkes Wachstum und fördern Schadorganismen!

Die reifen roten oder weissen Johannisbeeren können meist noch lange nach der Vollreife unbeschädigt vom Strauch gepflückt werden. Niederländische und belgische Johannisbeeranbauer liessen früher die Johannisbeeren für den Frischmarkt oft mehrere Wochen nach der Vollreife noch am Strauch hängen, um sie auf diese Weise natürlich zu lagern. Je später die Johannisbeere gepflückt wird, desto süsser und aromatischer ist sie, aber desto geringer ist der Pektingehalt. Daher sollte man für den Frischgenuss die Johannisbeeren später, für Marmelade oder Konfitüre früher pflücken. Johannisbeeren knapp vor der Vollreife enthalten soviel Pektin, dass sie ohne Zusatz von Gelierzucker gute Konfitüre oder Marmelade ergeben. Sie können auch als natürliches Geliermittel mit anderen Früchten eingekocht werden.

Rote Johannisbeeren

Erstling aus Vierlanden

Deutschland um 1910; Syn.: Rote Vierländer

Die alte Sorte ist ein Abkömmling der 'Felsjohannisbeere' *(Ribes petraeum)* und wurde angeblich im Kopf einer alten Weide um das Jahr 1905 oder 1906 aufgefunden und von Julius Buhk aus Hinterdeich-Kirchwerder in Vierlanden bei Hamburg in den Handel gebracht. Sie stammt von der 'Roten Holländischen' ab, als zweite Elternsorte wird eine deutsche Lokalsorte namens 'Krauer' vermutet.

Ihre Trauben sind lang und dicht besetzt. Sie hängen gehäuft in grösserer Anzahl zusammen. Dank ihres langen Stiels lassen sie sich gut pflücken. Die grossen Beeren sind meist hochrund und haben manchmal birnenförmige Gestalt, vor allem gegen das Traubenende. In voller Reife sind sie dunkelrot, dabei relativ süss und säurearm. Die Blüte ist schüsselförmig und rot gesprenkelt. Der fein gesägte Blattrand der glänzenden Blätter ist auffällig nach oben gerichtet und gekraust.

Der Name 'Erstling' gibt einen Hinweis auf die Reifezeit, allerdings ist die 'Vierländer' nicht die Erste, sonder reift um gut eine Woche nach den Frühsorten. Beeindruckend ist der starke Wuchs (2,5 Meter hohe Sträucher). Sie ist breit anbaufähig, robust und wenig anspruchsvoll, bevorzugt jedoch nährstoffreiche und feuchte Böden. Da sich diese Sorte wie ihr Elternteil 'Rote Holländische' für den Anbau in Höhenlagen gut eignet, findet man sie im Gebirgsanbau als früh reifende Ergänzung zur spät reifenden 'Roten Holländischen'.

Fays Fruchtbare

USA 1880; Syn.: Fay's New Prolific

'Fays Fruchtbare' ist eine grossbeerige Frühsorte und entstammt einer Kreuzung der 'Kirschjohannisbeere' mit 'Victoria' (= 'Houghton Castle').

Ihr Wuchs ist sparrig und überhängend, die Trauben sind lang und dicht besetzt. Die einzelnen Beeren sind gross (kleiner als 'Kirschjohannisbeere'), leuchtend dunkelrot und im Unterschied zur 'Kirschjohannisbeere' mild und aromatisch. Sie verlangt guten Boden und freie, sonnige Lage. Am Beispiel dieser Sorte ist ersichtlich, wie sich die Definition von Frühreife durch die Züchtung neuer Sorten in den 1950er-Jahren geändert hat. In der Literatur dieser Jahre wird 'Fays Fruchtbare' noch als Frühsorte geführt; mit der Einführung der Sorte 'Jonkheer van Tets', die um zwei Wochen früher reift, verlor sie jedoch den Status der Frühzeitigkeit (sie wird heute als mittelfrüh reifend eingestuft) und damit auch an Bedeutung.

Die Sorte ist ein typischer «Spitzenträger» (das ist charakteristisch für 'Kirschjohannisbeeren' und ihre Abkömmlinge), sie trägt also im oberen Drittel der Bodentriebe und bildet wenig Seitentriebe aus. Bei diesen Sorten ist ein so genannter Fruchtholzschnitt zu empfehlen. Dabei werden die kräftigen einjährigen Triebe nach der Ernte um einen Viertel eingekürzt, um dadurch eine Verzweigung zu provozieren. Durch eine stärkere Verzweigung erhöht sich der Ertrag, und die Stöcke werden breiter. Im Unterschied zur Sorte 'Heros' (ebenso grosse Beeren, ähnliche Reifezeit) wächst 'Fays Fruchtbare' stärker und bildet jedes Jahr zahlreiche bogig aufsteigende Bodentriebe.

Heinemanns Rote Spätlese

Deutschland 1942; Syn.: Macherauchs Rote Spätlese, Macherauchs Späte Riesentraube, Herbstzauber

Diese für die Züchtungsgeschichte bedeutende Sorte wurde von O. Macherauch gezüchtet und von der Firma Heinemann in den Handel gebracht. Über die Entstehung herrscht Unklarheit. 'Heinemanns' ist aufgrund der typischen Blüte und der langen Traube eindeutig ein Abkömmling der 'Vielblütigen Johannisbeere' *(Ribes multiflorum)*. Laut Literatur entstammt sie jedoch der Kreuzung 'Rote Holländische' *(Ribes petraeum)* x 'Andenken an Lorgus' *(Ribes rubrum)*, die Einkreuzung der *Ribes multiflorum* geht daraus nicht hervor. Die 'Vielblütige Johannisbeere' *(Ribes multiflorum)* wurde eingekreuzt, um die Traube zu verlängern.

'Heinemanns' ist eine Sorte mit vielen Superlativen. Sie blüht sehr spät, wächst sehr stark, Sträucher mit einer Höhe von 2 bis 3 Metern Höhe sind keine Ausnahme, und die Früchte reifen sehr spät, etwa sechs Wochen nach der Frühsorte 'Jonkheer van Tets' (August). Die Beeren können bis in den Herbst hinein am Strauch hängen bleiben, ohne Schaden zu nehmen, sofern sie nicht der Fruchtfäule (Mondscheinigkeit) zum Opfer fallen (die Sorte ist für diese Krankheit anfällig). Neben diesen herausragenden Eigenschaften besitzt die Sorte auffallend zahlreiche kleine Blüten und eine sehr lange Traube. Die Winterknospe von 'Heinemanns' ist gross, spitz und bereift. Die Blätter sind charakteristisch spitzlappig und auf der Unterseite weiss- bis graufilzig behaart.

Die kleinen, abgeflacht kugeligen, samenreichen Beeren sitzen dicht an der lang gestielten, leicht pflückbaren Traube. Pro Traube sind bis zu 40 Beeren vorhanden. 'Heinemanns' ist reich an Zucker; beim Genuss der Beeren ist davon aber nichts zu merken. Der hohe Säuregehalt überdeckt den süssen Geschmack und macht die Früchte unangenehm sauer. Zum Rohgenuss ist sie erst im voll- oder fast überreifen Zustand geeignet. Da 'Heinemanns' noch dazu reichlich fruchtet, findet eine Familie mit einem Strauch ihr Auslangen.

Wegen ihrer Krankheits- und Witterungsanfälligkeit ist die Sorte heute im Erwerbsanbau nicht mehr zu finden bzw. durch die robustere 'Augustus' ersetzt. Ihre Tochtersorte 'Rovada' ist heute die Hauptsorte in vielen Teilen Europas. 'Heinemanns Rote Spätlese' wurde überhaupt häufig und erfolgreich in der Züchtung verwendet. Alle Abkömmlinge zeichnen sich durch sehr lange Trauben und den fast unangenehm sauren Geschmack aus. Neben 'Rovada' zählen 'Blanka', 'Präkanda', 'Primus', 'Rosetta' und 'Rotet' zu ihren Nachkommen.

'Heinemanns' ist eine der wenigen roten Johannisbeeren, die sich nicht gut über Steckhölzer vermehren lassen. Deshalb wird sie in der Baumschule gern hoch veredelt und als Hochstämmchen erzogen und verkauft, oder sie wird über Wurzelhalsveredelung vermehrt und als Busch oder Fussstämmchen angeboten.

Heros

Deutschland 1927

Die Sorte wurde von Hermann Rosenthal um 1912 gefunden und 1927 in den Handel gebracht. Angeblich war sie ein nicht bestellter Teil einer Sortenlieferung aus Frankreich. Rosenthal wählte eine Verkürzung seines Namens als Sortenbezeichnung (HeRos). Heute wird 'Heros' als Synonym für die englische Sorte 'Laxton's Perfection' angesehen. Ob diese Sorten tatsächlich identisch

oder sich nur sehr ähnlich sind, ist nicht geklärt. 'Heros' wurde jedenfalls erst nach 'Laxton's Perfection' eingeführt.

Kennzeichnend für 'Heros' sind die grossen Beeren, der schwache Wuchs sowie die flach-tellerförmigen gelben Blüten ohne jegliche Rotfärbung. Die Traube ist sehr lang und trägt bis zu 30 Beeren. Diese sind frühreif, rot und von angenehm süssem Geschmack. Zum Rohgenuss und für die Marmeladen-, Gelee- und Weinbereitung sind sie gut geeignet, für den Versand hingegen zu wenig transportfest. Die Beeren sind etwas weich und am Strauch nicht so lange haltbar wie beispielsweise 'Jonkheer van Tets' oder die 'Rote Kirschjohannisbeere'. Die Sorte lässt sich auch bereits aufgrund ihrer Blätter einfach erkennen: Der Blattrand ist grob gekerbt, und die Blattadern sind meist blass weinrot gefärbt.

Die Sorte ist nur für warme Lagen und gute Böden zu empfehlen. Es ist wichtig, sie regelmässig zu schneiden (Fruchtholzschnitt und Rückschnitt älterer Triebe), damit das schwache Wachstum angeregt wird. Wird die Sorte gar nicht geschnitten, «bleibt sie stecken» und bildet keine neuen Triebe aus.

Houghton Castle

England vor 1800; Syn.: Neue Rote Holländische, Viktoria, Raby Castle u. a.

Diese alte englische Sorte (in England seit 1800, in Deutschland erst seit etwa 1900 im Handel) zählt zu den mittelfrüh reifenden Johannisbeeren. Sie ist sehr fruchtbar und wurde daher oft im Massenanbau eingesetzt.

Ihre Trauben sind ziemlich lang und dicht besetzt und hängen zu mehreren zusammen. Die Beere ist höchstens mittelgross, abgeflacht kugelig, dunkelrot, glänzend mit anfänglich reichlichem Säuregehalt. Bei Vollreife tritt die Säure deutlich zurück, und das sortentypische, etwas an Preiselbeeren erinnernde Aroma setzt sich durch. Typisch ist die grosse, flach-schüsselförmige und rot gesprenkelte Blüte sowie der breite Wuchs mit schlanken, bogig aufsteigenden Zweigen, die sich unter der Last der Trauben zu Boden senken.

Die Winterknospen sind deutlich silbrig-weiss bereift, die Blätter sind auffallend stumpflappig und unterseits etwas flaumig behaart. Wegen ihres besonderen Aromas und der dunklen Saftfarbe ist die Sorte zur Kompott- und Saftbereitung sehr geeignet. 'Houghton Castle' ist unempfindlich für Blattkrankheiten und blüht spät. Sie gedeiht auch noch in Höhenlagen und auf schlechten Böden.

Jonkheer van Tets

Niederlande 1941

Die Sorte wurde von J. Maarse aus Sämlingen einer Kreuzung von 'Fays Fruchtbare' und 'Rote Gondouin' *(Ribes petraeum)* ausgelesen. Sie ist heute eine in ganz Europa weit verbreitete Standardfrühsorte. Die sehr frühe Reifezeit wird von kaum einer anderen Sorte erreicht. Diese frühe Blüte macht sie jedoch frostanfällig.

Die starke Neigung zum Verrieseln ist sortentypisch und ein gravierendes Problem, das den normalerweise sehr hohen Ertrag in manchen Jahren deutlich schmälert. Von «Verrieseln» spricht man, wenn die kleinen Beeren wenige Tage nach der Blüte abfallen. Ursache sind einerseits ungünstige Witterung während der Blüte und dadurch mangelnde Befruchtung, andererseits die Konkurrenz zwischen Triebwachstum und Fruchtansatz. Ausreichende Bewässerung ab der Blüte bis zur Ernte kann die Gefahr des Verrieselns mindern.

Der Wuchs von 'Jonkheer van Tets' ist sortentypisch. Sie bildet lange aufrechte Triebe, deren zahlreiche kurzen Seitentriebe reich mit Trauben besetzt sind (Fruchtholzgarnierung). Die langen Triebe brechen bei Wind leicht ab. Die grosse, rot gesprenkelte Blüte mit dem flachschüsselförmigen Kelch ist ebenso kennzeichnend für 'Jonkheer van Tets'. Die auffällige Blütenform und -farbe hat die Sorte von dem Elternteil 'Gondouin', einer 'Felsjohannisbeere' *(Ribes petraeum)*, geerbt.

Die grossen Beeren sind sehr saftig, dünnhäutig (platzen bei Regen leicht auf), von gutem Aroma, aber ziemlich sauer. Ein grosser Vorteil ist die leichte Beerntbarkeit. Der Saft von 'Jonkheer' ist tief dunkelrot, die Saftausbeute hoch. Sie lässt sich auch gut zu Marmelade und Ribiselwein verarbeiten.

Kirschjohannisbeere und Kritzendorfer Ribisel

In der historischen Literatur werden grossfrüchtige, dunkelrote Johannisbeersorten häufig unter dem Begriff 'Kirschjohannisbeere' zusammengefasst.

Neben den grossen, kugelrunden, dunkelroten Beeren zeichnen sich die Vertreter dieses Formenkreises durch eine frühe Blüte und Reife und einen lockeren, wenig verzweigten Wuchs aus. Die Beeren sind in der Regel recht sauer und halten sich lange am Strauch.

Angeblich stammt die erste 'Kirschjohannisbeere' ursprünglich aus Italien. Von dort aus wurde sie nach Frankreich, Österreich und bereits 1846 in die USA verbreitet. Aufgrund der grossen, schön gefärbten Beeren konnte sie sich rasch durchsetzen und wurde vielfach in der Züchtung verwendet. Prominente Abkömmlinge der 'Kirschjohannisbeere' sind 'Rote Versailler' und 'Fays Fruchtbare'.

Die 'Kirschjohannisbeere' tritt in zahlreichen verschiedenen Spielarten auf, die zum Teil wohl auf Zufallssämlinge und Selektion zurückgehen. Eine solche Lokalsorte ist die 'Kritzendorfer Ribisel'. Die Sorte stammt aus Niederösterreich.

Von der 'Kritzendorfer Ribisel' wird berichtet, dass um 1850 ein gewisser Hofrat J. Schmiedt den ersten Strauch dieser angeblich aus Italien eingeführten Sorte in seinem Garten pflanzte. Diese Johannisbeere mit ihren grossen dunkelroten Früchten unterschied sich deutlich von der damals in der Gemeinde kultivierten 'Weissstieler', einer kleinfrüchtigen Sorte.

Die 'Kritzendorfer' hat grosse, kirschrot gefärbte, rundliche, mässig aromatische Beeren, die auch in der vollen Reife noch säuerlich sind. Die Traube ist mittellang (6–7 Zentimeter) und mit 12 bis 13 Früchten pro Traube dicht besetzt. Die Sorte ist stark aufrecht wachsend und wenig verzweigt. Die Blattbucht ist typisch tief und eng, der Mittellappen kurz und stumpf. Die Blüte ist flach tellerförmig, hellgelb und erscheint früh bis mittel.

Die fremdartige Johannisbeere entwickelte sich rasch zu einer begehrten Johannisbeersorte – Hofrat Schmiedt versorgte in den nächsten Jahren sämtliche Nachbarn mit Steckhölzern. Um 1860 waren bereits 5 bis 6 Joch (ca. 3 Hektaren) mit der 'wälischen Ribisel', wie sie von den Kritzendorfern genannt wurde, ausgepflanzt (welsch = italienisch).

Die Baumschule der frisch gegründeten Höheren Lehranstalt für Wein- und Obstbau in Klosterneuburg am Kreindlhof übernahm die Vermehrung dieser Sorte. Am Wiener Markt war die schöne grossfruchtige Johannisbeere als Tafelfrucht sehr begehrt und wurde als 'Kritzendorfer Ribisel' gehandelt. Der Johannisbeeranbau in Kritzendorf erreichte schliesslich eine Ausdehnung von 50 Joch (ca. 25 Hektaren), wobei die 'Kritzendorfer Ribisel' die Hauptsorte darstellte. Die 'Kritzendorfer Ribisel' ist heute nur mehr in wenigen Gärten zu finden und wird vereinzelt noch in Baumschulen geführt.

Roter See

USA 1933; Syn.: Red Lake

Die Sorte wurde von W. Alderman, Universität Minnesota, gezüchtet. Die Abstammung ist nicht bekannt. Sie war aufgrund der grossen und wohlschmeckenden Beeren bereits in den USA verbreitet, bevor sie in den 1950er-Jahren nach Europa kam und sich auch hier durchsetzen konnte. Sie verdrängte 'Heros' und 'Fays Fruchtbare' (die eine ähnliche Reifezeit und Beerengrösse besitzen, denen sie in Ertrag und Wuchseigenschaften aber überlegen ist) aus dem Erwerbsanbau.

Kennzeichnend für 'Roter See' ist die sehr grosse Blüte und die lange, locker besetzte Traube. Das junge Blatt ist auffallend dunkelgrün gefärbt. Die roten, fast etwas wächsern erscheinenden Beeren sind gross, im letzten Drittel der Traube wesentlich kleiner. Der Geschmack ist leicht säuerlich und sehr aromatisch und die Blüte flach tellerförmig und leicht gerötet. Die niederländische Sorte 'Witte van Huismann' ist eine weissfrüchtige Mutation von 'Roter See'. 'Roter See' wird heute leider kaum mehr angeboten.

Rondom

Niederlande 1949

'Rondom' ist neben 'Heinemanns Rote Spätlese' eine der ersten Sorten, die 1934 durch Einkreuzung der 'Vielblütigen Johannisbeere' *(Ribes multiflorum)* in einem komplexen Kreuzungsschritt entstanden ist und 1949 in den Handel gebracht wurde. Die Sorte ist stark aufrecht wachsend, durch den Behang senken sich die Triebe zu Boden. Die rote Anthozyanfärbung der Blütenstandachse und Kelchblätter ist sehr ausgeprägt. Das Laub ist tief dunkelgrün und dick gestielt. Die Blüte erscheint spät und ist damit wenig frostempfindlich.

Die Beeren reifen spät, sind mittelgross, leuchtend rot, sauer und fest. An diesen Eigenschaften ist die Einkreuzung von *Ribes multiflorum* leicht erkennbar. Die Beeren sitzen dicht und regelmässig auf allen Seiten der Traube, die dadurch walzenförmig erscheint. Diese typische Anordnung der Früchte ist namengebend, das niederländische *rondom* bedeutet nämlich «rundherum»

Die helle Saftfarbe macht die Sorte für die industrielle Verwertung eigentlich wenig geeignet, dennoch war 'Rondom' als Massenträger über Jahre eine Hauptsorte in Europa, bis sie von 'Rovada' verdrängt wurde. Für die häusliche Safterzeugung, wo die Saftfarbe nicht so eine grosse Rolle spielt, ist sie jedoch zu empfehlen. Das attraktive Aussehen der Beeren macht die Frucht für die Frischvermarktung interessant; das täuscht jedoch, denn die festen, sauren Beeren sind geschmacklich enttäuschend.

Rote Gondouin

vermutlich Frankreich 19. Jahrhundert; Syn.: Hochrote Frühe, Sehr Frühe Hochrote

Die 'Rote Gondouin' stammt wahrscheinlich ursprünglich aus Frankreich oder Belgien. In Deutschland wurde vermutlich dieselbe Sorte durch Both und Söhne (Hamburg) als 'Hochrote Frühe' oder 'Sehr Frühe Hochrote' gehandelt.

Die 'Rote Gondouin' ist eine nahe Verwandte der 'Felsjohannisbeere' *(Ribes petraeum)*. Auffallend sind die deutlich schüsselförmigen und dunkelrot gefärbten Blüten, die grossen, breit gelappten, glatten und oberseits glänzenden Blätter sowie die intensiv blutrot gefärbten einjährigen Triebe. Die kleinen, abgeflacht-kugeligen, dunkelroten Beeren sitzen in ziemlich langen, dicht besetzten, kurz gestielten Trauben und haben einen stark säurebetonten Geschmack. Sie reifen eher früh und können sehr lange am Strauch hängen bleiben, ohne allerdings entscheidend an Säure zu verlieren. Die Sorte eignet sich deshalb kaum für den Rohgenuss.

Der Strauch wächst kräftig aufrecht und hoch und ist stark verzweigt. Die 'Rote Gondouin' gehört zusammen mit der 'Roten Holländischen' zu den anspruchslosesten Johannisbeeren und gedeiht auch noch in kalten, rauen Lagen. Obwohl die 'Rote Gondouin' schon seit Jahrzehnten nicht mehr im Handel ist, findet man die Sorte in der Schweiz immer noch gelegentlich in alten Bauerngärten.

Rote Holländische

Herkunft unbekannt, vermutlich 16. Jahrhundert;
Syn.: Göpperts Kirschjohannisbeere, Prinz Albert

Die 'Rote Holländische' ist eine der ältesten und erfolgreichsten Johannisbeersorten. Sie stammt von der Felsjohannisbeere *(Ribes petraeum)* ab. Camerarius erwähnt im 16. Jahrhundert den Bezug von grossen und stark sauren roten Johannisbeeren aus dem Garten des Erzherzogs Ferdinand in Innsbruck und nannte sie *ribes baccis rubris majoribus*. Einige Autoren nehmen an, dass es sich dabei bereits um die 'Rote Holländische' oder eine Vorläuferin dieser Sorte handelte.

Wegen ihrer reichlichen Erträge und guten Widerstandsfähigkeit gegen Krankheiten und Witterungseinflüsse ist sie seit jeher für den Anbau im Grossen wie im Kleinen geeignet. Dank ihres sehr späten Austriebs wird die 'Rote Holländische' kaum durch Spätfröste geschädigt. Der Wuchs ist sehr stark und gedrungen. In etwas feuchtem, nahrhaftem Boden wird der Strauch sehr gross. Er gedeiht auch in Berglagen und ist hier vielerorts die einzige Kulturjohannisbeere. Die 'Rote Holländische' ist wohl die robusteste und anspruchloseste Johannisbeersorte.

Die Trauben sind gross, meistens voll entwickelt und dicht besetzt. Am älteren Holz sitzen sie häufig sehr dicht beisammen. Die eher hellroten, abgeflacht kugeligen Beeren sind stark sauer, was die Saftausbeute für die Weingewinnung positiv beeinflusst, und schwer zu pflücken, da sie fest am Strauch hängen. Bei Vollreife tritt die Säure nicht mehr so stark hervor und macht einem feinen Aroma Platz. Die Reifezeit ist spät.

Besondere Kennzeichen der 'Roten Holländischen' sind die schüsselförmige, braunrote Blüte sowie die fein gesägten, tief und spitz gelappten, dunkelgrünen Blätter. Die Zweige sind auffallend dick und kräftig.

Es gibt noch einige alte Bestände der 'Roten Holländischen', im heutigen Erwerbsbau hat sie aber keine Bedeutung mehr und wird auch nicht mehr gehandelt. Die Sorte hat im Laufe ihres jahrhundertelangen Anbaus verschiedene Typen entwickelt, die sich im Wuchs, in der Belaubung und in der Fruchtqualität unterscheiden.

Rote Versailler

Frankreich 1835

Diese alte rote Johannisbeere entstand 1835 durch M. Bertin im Garten von Versailles. Sie wurde anfänglich vor allem in der Umgebung von Paris erwerbsmässig angebaut, fand dann aber rasch Verbreitung auch im deutschsprachigen Raum. Um 1900 fehlte sie in Österreich, Deutschland und der Schweiz kaum in einem Pflanzenkatalog. In vielen Katalogen wurde die Sorte mit der 'Kirschjohannisbeere' und anderen grossfruchtigen Frühsorten verwechselt, sodass die 'Rote Versailler' vielerorts zu einem Handelssynonym wurde.

Die 'Rote Versailler' ist wegen ihrer milden Säure und ihres Aromas gut zum Rohgenuss geeignet. Sie bringt regelmässig reichen Ertrag und wächst kräftig und aufrecht. Die Fruchttriebe sind kurz und oft ohne Endknospen. Sie blüht früh und kurz. Ihre Trauben sind lang und locker, fast immer vollbeerig. Die Beeren sind leuchtend dunkelrot, feinhäutig, ziemlich gross mit schwach durchscheinenden Samenkörnern. Sie schmecken angenehm mild säuerlich und sind für alle Verwendungen gleich wertvoll. Sortentypisch sind die im Frühjahr zur Zeit des Austriebs intensiv braunrot gefärbten Blätter; die Rotfärbung verschwindet erst, wenn das Laub voll entwickelt ist. Die ausgewachsenen Blätter sind auffallend feinrunzelig. Die 'Rote Versailler' reift früh und gleichmässig. Sie braucht einen gut mit Wasser versorgten Boden. Leider leidet sie häufig an der Blattfallkrankheit.

Rosarote Johannisbeeren

Rosa Kärnten

Österreich um 1935

'Rosa Kärnten' wurde in den 1930er-Jahren in Wolfsberg/Kärnten in einem Bestand der Sorte 'Heros' aufgefunden – vermutlich handelt es sich um eine Farbmutante von 'Heros'. Die Baumschule Prinz bezog Sorten aus ganz Europa, handelte mit Beerenobst und vermehrte zahlreiche Sorten selbst. Ende der 1930er-Jahre wurde auf einer Fläche von etwa 1 Hektare Beerenobst für den Erwerb kultiviert. Darunter war die Eigenselektion 'Rosa Kärnten'. Die Früchte wurden lokal vermarktet.

Die Trauben sind etwa 10 Zentimeter lang, aber nur locker besetzt (ca. 14 Beeren/Traube) und kurz gestielt. Die Basalbeere fehlt. Zur Reife hin verrieseln mitunter die Beeren an der Spitze der Traube. Die Beeren sind auffallend gross und hellrosa gefärbt, um den Kelchzipfel dunkel rosa gesprenkelt mit durchscheinenden Samen. Ihr Geschmack ist angenehm säuerlich, mild und aromatisch, zum Teil mit leicht bitterem Nachgeschmack. Es sind immer wieder einzelne, durchgehend rot oder partiell rot gefärbte Beeren an einer Traube zu finden. Dabei handelt es sich um Rückmutationen. Die sich ändernde Fruchtfarbe zeigt anschaulich, wie sich Sortenmerkmale durch spontane Mutation ändern und wie wichtig deshalb die Stockauslese ist.

Die Johannisbeere 'Rosa Kärnten' ist schwachwüchsig und bildet breite, weit ausladende Büsche. Die Winterknospe ist rotbraun, spitz-eiförmig, bereift und etwas abstehend; das Blatt treibt früh aus, ist mittelgross und fünflappig, mit einem kurzen, breiten Mittellappen und einer tiefen, meist engen Blattbucht. Der Blattrand ist

gekerbt. Die Blüte erscheint früh, ist tellerförmig und hat gelbgrüne, leicht hellrot gesprenkelte Kelchblätter. Die Reifezeit ist mittelfrüh, der Ertrag mittel bis hoch. 'Rosa Kärnten' ist etwas anfällig für Blattläuse und bevorzugt aufgrund des schwachen Wuchses bessere Böden.

Die rosafrüchtige Sorte 'Rosa Sport' ist ebenso eine Farbmutante von 'Heros'. Sie wurde 1952 in den Niederlanden selektiert und wird heute auch unter dem Synonym 'Rosalinn' angeboten. Die beiden 'Heros'-Abkömmlinge unterscheiden sich in ihren Eigenschaften kaum voneinander. 'Rosa Kärnten' blieb über 70 Jahre im Sortiment der Baumschule Prinz. Im Jahr 2001 wurde die Vermehrung eingestellt. Die Baumschule produziert heute schwerpunktmässig Rosen.

Rosa Holländische und Fleischfarbene Champagner

Herkunft ungewiss, bereits im 18. Jahrhundert bekannt

Diese beiden alten rosaroten Sorten sind einander sehr ähnlich und unterscheiden sich von anderen rosafarbenen Johannisbeeren durch die Grösse der Beeren und ihre Ausfärbung.

Im Unterschied zu den sehr grossen Beeren von 'Rosa Kärnten' und 'Rosa Sport' sind diejenigen dieser beiden Sorten nur von mittlerer Grösse. Sie sind zudem hellrosa bzw. mattrosa gefärbt und durchsichtig.

Die Herkunft und Abstammung ist bei der 'Rosa Holländischen' nicht genau bekannt. Fest steht, dass sie bereits vor 1800 entstanden ist. Ihre Trauben sind lang und locker besetzt mit mittelgrossen bis grossen Beeren. Diese sind mattrosa und durchsichtig, ihr Geschmack ist mild säuerlich. Der kräftig wachsende Strauch ist sehr fruchtbar und blüht spät. Die Sorte braucht guten Gartenboden mit reichlich Feuchtigkeit.

Die Beeren der 'Fleischfarbenen Champagner' sind mittelgross, hellrosa gefärbt und kugelig. Die Frucht ist sauer, aber sehr aromatisch. Die Trauben sind kurz bis höchstens mittellang und neigen zum Verrieseln. Der Strauch hat einen kräftigen, aufrechten Wuchs und eine gesunde Belaubung. Er ist recht fruchtbar und reift Anfang Juli. Friedrich Jakob Dochnahl erwähnt eine 'Fleischfarbige Johannisbeere', die seit 1620 bekannt ist. Eine Sorte mit dem Namen 'Champagner' wurde Ende des 19. Jahrhunderts in Fachkatalogen erwähnt. Es handelt sich hierbei vermutlich um dieselbe Sorte. Sie wurde besonders zur Herstellung von weissem Wein empfohlen.

Weisse Holländische

Niederlande vor 1729; Syn.: Weisse Werdersche

Trotz ihres Namens ist die Sorte nicht mit der 'Roten Holländischen' verwandt. Aber wie jene unter den roten Johannisbeeren konnte diese alte Sorte lange Zeit die vorherrschende Stellung unter den weissen Johannisbeeren halten.

Die Traube ist mittellang und vollbeerig. An älteren Trieben neigt die Sorte zum Verrieseln. Die Beeren sind mittelgross, gelblich weiss, sehr saftig und eher frühreif. Die Blüte erscheint früh (im Gegensatz zur 'Weissen Versailler', die etwas später blüht). Der Geschmack ist angenehm würzig, wenn auch für eine weissfrüchtige Sorte eher säuerlich (im Vergleich zur 'Weissen Versailler' oder 'Weissen aus Bar-le-Duc'). Sie eignet sich sehr gut zur Saft- und Weinbereitung.

Sie ist sehr ertragreich, lässt sich aber wegen ihrer kurz gestielten Trauben nicht gut pflücken. Die zahlreich erscheinenden und bogig wachsenden Triebe sind oft etwas schwach und brüchig. Durch die Blattfallkrankheit bekommen die Blätter im Frühsommer zahlreiche winzige, dunkelbraune Flecken, die später teilweise zusammenwachsen; die Blätter werden mit der Zeit gelbbraun und fallen ab. Zuerst werden die älteren Blätter befallen, sodass im Spätsommer nur noch die Triebspitzen grünes Laub tragen.

Die 'Weisse Holländische' verlangt einen kräftigen Boden mit ausreichender Feuchtigkeit, denn Trockenheit und schlechte Böden fördern die Blattfallkrankheit.

Weisse aus Jüterbog

Herkunft unbekannt, wohl Deutschland um 1890

Die Sorte ist ein Abkömmling von *Ribes petraeum*, möglicherweise eine Farbmutante der 'Roten Holländischen'. Der Wuchs ist gesund, aber deutlich schwächer und nicht so hoch wie bei der 'Roten Holländischen', dafür eher breit. Wegen ihrer späten Blüte ist die Sorte wenig frostempfindlich, ebenso völlig robust gegenüber der Blattfallkrankheit. Sie ist eine der wenigen Johannisbeeren, die auch in etwas höheren Lagen noch erfolgreich angepflanzt werden können. Allerdings benötigt die Sorte hier gute, nährstoffreiche Böden; auf kargen Standorten ist der Wuchs zu schwach.

Die Blüte ist charakteristisch schüsselförmig und grüngelb gefärbt. Die Trauben sind dicht und unterschiedlich lang, meist hängen sie in Mengen zusammen. Die Beeren sind gelblich weiss, gross und sehr fein im Geschmack, wenn auch etwas säuerlich. Zum Rohgenuss und zur Weinbereitung sind sie gut geeignet. Obwohl die Sorte schon lange nicht mehr angeboten wird, findet man sie gelegentlich in alten Bauerngärten.

Weisse Kaiserliche

Frankreich vor 1860

Die Sorte wird bereits 1860 in der Obstkunde von Dochnahl als 'Kaiserliche Perlbeere' erwähnt und als französische Züchtung beschrieben.

Interessant ist die Namensgebung: Die Sorte wird sowohl 'Impérial Blanc' ('Weisse Kaiserliche') als auch 'Impérial Jaune' ('Gelbe Kaiserliche') bezeichnet. Tatsächlich durchläuft die Sorte während ihrer Reife einen mar-

kanten Farbwechsel. Zu Beginn der Reife sind die Beeren weiss und milchig-transparent. Bei zunehmender Reife werden sie jedoch gelb bis zuletzt fast cognacfarben, wobei die dunklen Samen deutlich und klar durchscheinen. In vollreifem Zustand ist die 'Weisse Kaiserliche' wohl die süsseste und würzigste Johannisbeere, die wir kennen.

Die 'Weisse Kaiserliche' bevorzugt warme, geschützte Lagen und gute Böden. Sie bringt jedes Jahr viele schlanke, breitbogig aufsteigende Jungtriebe hervor. Die Fruchttriebe sind schwach und brüchig und bereits nach einer, spätestens nach zwei Ernten erschöpft. Die Sorte benötigt deshalb einen regelmässigen Schnitt. Am besten werden die Triebe an einem Spalier aufgebunden.

Weisse Langtraubige

Deutschland 1898

Die 'Weisse Langtraubige' wurde Ende des 19. Jahrhunderts von dem bekannten deutschen Beerenobstzüchter Louis Maurer in einer Obstanlage entdeckt.

Die Trauben dieser Sorte sind auffallend lang und zu Recht namensgebend. Die Beeren sind abgeflacht kugelig und milchig weiss gefärbt. Eine lange und lang gestielte Traube ist eine begehrte Sorteneigenschaft, da die Handpflücke dadurch erheblich beschleunigt wird. Allerdings relativiert sich bei der 'Weissen Langtraubigen' dieser Vorteil: Die Trauben sind nur locker mit Beeren besetzt, und zudem verrieseln die Beeren gern, was dazu führt, dass die Pflückleistung nicht höher ist als bei anderen weissfrüchtigen Johannisbeersorten mit kürzeren Trauben. Ausserdem werden die sortentypischen langen Trauben fast nur an jungem Fruchtholz ausgebildet. Eine regelmässige Verjüngung ist deshalb unumgänglich.

Weisse Versailler

Frankreich 1883

Die 'Weisse Versailler' war eine weit verbreitete Sorte und sowohl im Hausgarten als auch im Erwerbsanbau beliebt. Noch heute wird sie von vielen Baumschulen angeboten. Reiche und regelmässige Tragfähigkeit, in der sie die 'Weisse Holländische' übertrifft, zeichnet sie aus. Ihr Wuchs ist kräftig, aufrecht und gesund, sie ist wenig anfällig für die Blattfallkrankheit, aber auch sie braucht gut wasserversorgten, nährstoffreichen Boden. Die Triebe sind schön verzweigt, sodass sich der Strauch auch ohne intensiven Schnitt gut formiert.

Die Blätter sind am Grund meist abgerundet und haben eine feinflaumig behaarte Unterseite. Die Traube ist lang, die Beeren gross und gelblich weiss bis fast weiss. Sie sitzen ziemlich dicht und reich an den mittellangen Fruchtstielen. Bei voller Reife ist der Geschmack überdurchschnittlich aromatisch, süss und mildsäuerlich. Zum Rohgenuss ist sie besonders zu empfehlen.

Schwarze Johannisbeeren

Baldwin

England vor 1895

'Baldwin' ist eine alte englische Sorte unbekannter Herkunft, die vor 1895 entstand. Sie wurde direkt aus der in England heimischen Wildform der schwarzen Johannisbeere ausgelesen.

Der Fruchtstand ist mit sechs bis neun Beeren eher kurz. Charakteristisch ist der frühe Austrieb und die frühe Blüte bei einer späten Fruchtreife. Auf nahrhaften Böden ist sie starkwachsend, sonst von mittlerer Wuchskraft. Die Beeren schmecken im Vergleich zu anderen alten Sorten relativ mild, die Haut ist fest, daher ist die Sorte gut transportierbar. Die reifen Beeren hängen noch ein bis zwei Wochen nach der Reife fest am Strauch und sind variabel in der Grösse. Sie schmecken sauer-aromatisch und sind dunkel und saftreich, daher konnte sich diese englische Sorte in ihrer Heimat um 1920 gut durchsetzen. Bis in die 1970er-Jahre galt 'Baldwin' – trotz der frühen Blüte, die häufig durch Spätfröste geschädigt wurde – noch als Hauptsorte für die Saftherstellung im Britischen Königreich.

Der hohe Gehalt an Vitamin C und Fruchtsäuren macht die Beere auch heute noch interessant für den Anbau in England. Im Unterschied zur Gruppe 'Langtraubige Schwarze' zählt 'Baldwin' zu den kurztraubigen Sorten (obwohl sie in der alten Literatur oft als lang beschrieben wird!). Ein weiteres Unterscheidungsmerkmal zum Formenkreis 'Langtraubige Schwarze' ist die Winterknospe, die grün gefärbt ist und keine Rötung zeigt.

'Baldwin' ist sehr anfällig für Mehltau und Säulenrost. Der Typ 'Baldwin Hilltop' ist eine Auslese aus England. Eine Mutante von 'Baldwin' ist 'Daniels September'. Viele weitere Züchtungen stammen von ihr ab.

Brödtorp

Finnland; Syn.: Sevegård, Osmala, Aström

Die Sorte ist vermutlich ein Typ oder eine Landsorte, die in der russischen Region Kostomukscha an der Grenze zu Finnland verbreitet ist. Sie wurde in Österreich in den 1970er-Jahren getestet, wurde aber dort nie grossflächig angebaut. Auf der Suche nach Sorten mit gleichzeitiger Ausreife der Früchte für die Verwertungsindustrie gab es auch Mitte der 1950er-Jahre in der Schweiz Züchtungsversuche mit 'Brödtorp'.

Die Sorte unterscheidet sich durch viele Merkmale von den bei uns verbreiteten Sorten: Weit ausladende dünne Triebe ergeben einen kriechenden Wuchs, wodurch sie sehr leicht zu erkennen ist. Die Triebe und Blattstiele sind leuchtend rot, die Winterknospen kupferfarben und wenig geschlossen. Die Sorte galt in den 1970er-Jahren als absolut mehltaufest. Ein weiteres positives Merkmal ist die frühe Blüte, die sehr frühe Reife sowie die grosse Selbstfruchtbarkeit. 'Brödtorp' wurde für den Anbau in höheren Lagen empfohlen. Die Beeren haben einen mittleren Gehalt an Säure.

Der kriechende Wuchs ist auch typisch für andere Sorten wie 'Pamela Mitschurina'; von modernen Sorten hingegen wird ein aufrechter Wuchs gefordert, um die Ernte (maschinell oder händisch) zu erleichtern. In der Züchtung wurde 'Brödtorp' jedoch aufgrund ihrer positiven Eigenschaften vielfach verwendet. Abkömmlinge sind 'Tsem', 'Tenah', 'Ben Lomond' und 'Ben Nevis'.

Goliath

Niederlande vor 1880

Die niederländischen Sorten 'Goliath' und 'Boskoop' waren einst auch in Österreich weit verbreitet und in der Züchtung Ausgangspunkt für viele weitere Sorten.

Sie fällt durch ihre sehr kurze Traube und die sehr grosse Basalbeere auf; diese war wahrscheinlich namensgebend für 'Goliath'. Man erkennt die Sorte zudem leicht an ihren kaum geröteten gelblich weissen Blüten (grosses Bild rechts) und an ihrem hellgrünen Austrieb. In einer historischen Einteilung (von Hatton 1920) bildet 'Goliath' eine von vier Stammformen der schwarzen Johannisbeere. 'Goliath' stammt in direkt Linie von der Wildform *Ribes nigrum* ab.

Die Beeren reifen an der Traube ungleich ab und sind von mildem, süsssäuerlichem und aromatischem Geschmack. Die Sorte blüht spät und ist dadurch für Spätfröste nicht anfällig, jedoch stark für Mehltau. 'Goliath' vereint leider viele Eigenschaften (kurze Traube, ungleiche Reife, grosse Basalbeere, Mehltauanfälligkeit) in sich, die einen Anbau aus heutiger Sicht nur bedingt rechtfertigen.

Demgegenüber stehen allerdings Charakteristika, die die Sorte für den Liebhaber interessant machen: die besonders grossen, wohlschmeckenden Beeren, die späte Blüte und auch die ungleiche Abreife, die im Hausgarten durchaus erwünscht ist – gerade dann, wenn die Früchte vom Strauch gegessen werden. Hinzu kommt die grosse Frosthärte, der straff aufrechte, schön verzweigte Wuchs und die Eignung für schwere feuchte Böden. Der schlanke Wuchs macht einen Anbau auch im kleinen Hausgarten möglich.

Hedda

Norwegen

'Hedda' ist eine jüngere Sorte aus Norwegen, eine Kreuzung aus 'Ojebyn' x 'Melalathi'.

Die Sorte blüht mittelspät und ist schwach wachsend. Sie ist sehr wenig anfällig für Mehltau und Säulenrost, aber etwas anfälliger für Blattläuse. Die Vegetationsdauer ist auffallend kurz, daher verliert sie ihre Blätter sehr früh. Da sie schwachwüchsig ist, eignet sie sich am besten für gute, wüchsige Böden; auf kargen Böden bildet sie zu wenige Bodentriebe aus. Sie ist maschinell zu beernten und auch für den Bioanbau zu empfehlen.

Die Traube ist mittellang, die Beeren sind gross und ausgesprochen wohlschmeckend: mildsauer, fast süss und aromatisch. Von Nachteil ist der sehr kurze Stiel, weshalb die Traube schwer von Hand zu pflücken ist. 'Hedda' ist als Dessertfrucht und zum Rohgenuss sehr gut geeignet und auch für die Saftbereitung zu empfehlen. Aufgrund der geringen Säurewerte (35,00 g/l) können milde, hoch konzentrierte Säfte hergestellt werden. Säurereiche Sorten hingegen müssen stark mit Wasser verdünnt werden, um trinkbar zu sein. Leider hat 'Hedda' nur einen relativ geringen Vitamin-C-Gehalt.

Schwarze Langtraubige und Selektionen

Boskoop, Rosenthal Langtraubige, Langtraubige Schwarze Typ Falch

Zum Formenkreis der 'Langtraubigen Schwarzen' gehören drei Typen, die zum Teil als eigene Sorten beschrieben sind, jedoch in fast allen Eigenschaften übereinstimmen. Die älteste und wahrscheinlich ursprünglichste Form ist der Typ 'Boskoop Giant' ('Boskoop Riesen'), der als niederländische Selektion angesehen wird. Der Typ 'Rosenthal Langtraubige', 1913 von Rosenthal selektio-

niert, stammt aus Deutschland. Der in Österreich verbreitete Typ 'Falch' wurde von Professor Josef Falch 1956 in den Handel gebracht. Neben den genannten Typen werden auch die 'Schwarze Traube', von Macherauch eingeführt, und andere sehr ähnliche Sorten zu dieser Verwandtschaftsguppe gezählt. Die herausragende Eigenschaft des Formenkreises 'Langtraubige Schwarze' ist ihre verhältnismässig lange, mit grossen Beeren besetzte Traube, der sie ihre weite Verbreitung verdankt.

Die Sorte 'Boskoop Giant' wurde 1887 von H. Hoogendyk in Holland als Sämling aufgefunden. Die frühreife Sorte übertraf die bis dato bekannten Sorten in der Länge der Traube. 1903 entdeckte A. Beyer in Gaulis bei Rötha eine auffallend langtraubige Sorte in einem Bestand. Der Findling wurde von Rosenthal getestet und vermehrt. Unter dem Namen 'Langtraubige Schwarze' brachte er die Sorte in den Handel (1913). Sie fand in Deutschland rasch Verbreitung. Vor Kriegsausbruch selektionierte Josef Falch in Österreich in einem Bestand der 'Langtraubigen Schwarzen' in Bad Sauerbrunn im Burgenland wertvolle Typen. Er brachte 1954 die Sorte 'Langtraubige Schwarze Typ Falch' heraus, die in Österreich über viele Jahre Hauptsorte blieb.

All diesen Typen gemeinsam sind die lange Traube, die langen Traubenstielchen ohne Basalbeeren am Stielansatz (Basalbeeren sind beim Anfassen der Traube lästig und stören die Pflücke, weil sie leicht verletzt werden), einheitliche Reife an Traube und Strauch, hoher Ertrag, starker, ausladender Wuchs; runde Winterknospe; hoher Säuregehalt und frühe Reife.

Die lange Traube und die gute Pflückbarkeit sowie der hohe Ertrag prädestinieren diese typische Saftjohannisbeere für den grossflächigen Anbau. Der hohe Säuregehalt ist von der Industrie für die Saftverarbeitung gewünscht. Die 'Langtraubige Schwarze' war Hauptsorte in Deutschland, Österreich und der Schweiz. Leider sind alle Selektionen sehr anfällig für den Amerikanischen Stachelbeermehltau und durch die frühe Blüte frostempfindlich.

Schwarze Neapolitanische

Syn.: Black Naples, Schwarze aus Neapel, Cassis de Naples

Die 'Schwarze Neapolitanische' ist eine sehr alte Sorte, deren Herkunft im Dunkeln liegt. Sie wurde in deutschsprachigen Katalogen und Fachzeitschriften bis Ende des 19. Jahrhunderts erwähnt. Die völlig frostharte Sorte stammt mit grosser Sicherheit nicht aus Neapel, da schwarze Johannisbeeren im 19. Jahrhundert in Süditalien keine Bedeutung hatten.

Der Wuchs des Strauchs ist kräftig, die Sorte ist auch recht fruchtbar und insgesamt anspruchslos. Aber ihre Beeren sind klein und reifen unregelmässig, sodass an einer Traube meist reife, braun gefärbte und grüne Beeren gleichzeitig vorkommen.

Silvergieters

Niederlande 1936

'Silvergieters' wurde 1926 von C. M. van der Slikke in Holland gezüchtet. Sie ist ein Sämling von 'Boskoop Giant' und kam 1936 in den Handel. 'Silvergieters' ist demnach eine Verwandte der 'Langtraubigen Schwarzen', lässt sich anhand folgender Merkmale aber leicht von dieser unterscheiden: Die Traube ist dichter besetzt und etwas kürzer, die Beeren sind bei 'Silvergieters' beulig, bei der 'Langtraubigen' vollkommen rund, die Winterknospe ist deutlich rot gefärbt, die Blattbucht weit und seicht. Am besten lassen sich die Sorten jedoch am Geschmack unterscheiden: 'Silvergieters' schmeckt relativ süss und mild, die 'Langtraubige Schwarze' hingegen sehr sauer.

Die Sorte war neben der 'Langtraubigen Schwarzen' einst Hauptsorte in Europa, verlor aber zunächst wegen ihres geringen Säuregehalts und der damit verbundenen geringen Eignung für die industrielle Verwertung an Bedeutung. Ihre hohe Anfälligkeit für den Stachelbeermehltau schränkte den Anbau zusätzlich ein. Ausserdem ist sie empfindlich gegenüber Blütenfrost. Für den Frischgenuss ist sie bestens geeignet und kann auch für die häusliche Saftbereitung empfohlen werden. Ihr Farbstoffgehalt ist sehr hoch. Die Sorte reift früh, die Beeren fallen leicht ab und sollten rechtzeitig geerntet werden.

Titania

Schweden 1984

Dies ist die Standardsorte im heutigen Anbau. Die schwedische Sorte wurde ursprünglich in Ungarn gezüchtet, von einem Professor namens Tamas auf seiner Flucht 1956 mitgenommen und in Schweden herausgebracht.

Bei 'Titania' handelt es sich um eine komplexe Kreuzung. Die Sorte enthält Gene der Arten *Ribes nigrum* und *Ribes ussuriensis*. Die Frucht ist gross, mit einer sehr grossen Einzelfrucht an der Stielbasis (= Basalbeere), die bei der Pflücke stört (es ist praktisch nicht möglich, eine Traube zu ernten, ohne die Basalbeere zu verletzten). Für die maschinelle Ernte ist 'Titania' sehr gut geeignet.

Der Ertrag der Sorte ist hoch, sie reift mittelfrüh (drei bis vier Tage nach der 'Langtraubigen Schwarzen') und wächst stark. Sie blüht früh, allerdings ist 'Titania' in der Blüte relativ frostfest. Der Strauch hat kräftige, aber wenig biegsame Äste (Bruchgefahr!). Aufgrund der Toleranz gegenüber Mehltau und der hohen Säurewerte (45–46 g/l) ist sie für die industrielle Verwertung gut geeignet, zum Rohgenuss vom Strauch indes weniger, weil sie zu sauer und zu wenig aromatisch ist. Ihre Trauben reifen gleichmässig ab. Sie ist widerstandsfähig gegen Mehltau und anfällig für Blattläuse und Rote Spinne. Die Resistenz gegen Säulenrost macht sie auch für den Anbau in den USA interessant.

In Österreich ist 'Titania' heute mit 99 % im Erwerbsanbau die absolute Spitzensorte. Auch in Deutschland und der Schweiz dominiert sie den Anbau. Da 'Titania' hochgradig selbstfruchtbar ist, wird in vielen Fällen auf eine Befruchtersorte verzichtet.

Die Sorte wird aufgrund der sehr geringen Anfälligkeit für Mehltau häufig auch für Hausgärten empfohlen. Die Dominanz dieser Sorte im Anbau verkleinert die genetische Basis enorm und birgt Gefahren. Die Möglichkeit, dass Krankheiten und Schädlinge, die heute nur geringe Schäden anrichten, bei Massenauftreten die Ernte schwer schädigen, ist in einem von einer einzigen Sorte dominierten Bestand höher als in einem aus mehreren, genetisch unterschiedlichen Sorten.

Jostabeeren: Johannisbeer-Stachelbeer-Kreuzungen

Seit mehreren Jahrzehnten sind Kreuzungen zwischen Johannisbeeren und Stachelbeeren im Anbau, die so genannten 'Jostabeeren'. Die Sorte 'Josta' ist heute der bekannteste und verbreitetste Vertreter dieser Gruppe.

Die Wunschvorstellung von einer Stachelbeere ohne Stacheln gab den Anlass zu den ersten Kreuzungsversuchen. Culverwell aus Yorkshire (England) kreuzte bereits 1880 erstmals Johannisbeere mit Stachelbeere, allerdings ohne durchschlagenden Erfolg.

Erstmals kreuzte Professor Erwin Baur 1922 in Müncheberg die Art *Ribes succirubrum* mit Stachelbeersorten, die Hybridart nannte er 'Jochelbeere' (Kunstwort aus Johannisbeere und Stachelbeere). Diese Bezeichnung wählte auch H. Murawski für die von ihm Mitte der 1950er-Jahre in Dresden-Pillnitz entwickelten Artbastarde aus *Ribes nigrum* und *Ribes uva-crispa*. Während die 'Jochelbeere' von Professor Baur heute keine Bedeutung mehr hat, existieren von Murawskis Kreuzungen noch heute registrierte Sorten. Ab 1926 widmete sich Dr. Paul Lorenz in Berlin diesem Thema. Er erkannte, dass für eine erfolgreiche Kreuzung die Mutterart stets eine schwarze Johannisbeere sein muss.

Die Arbeiten von Lorenz setzte ab 1946 Rudolf Bauer fort. Ziel seiner Züchtungsarbeit war ursprünglich, eine gegen Rost resistente Johannisbeere zu finden. Dieses Ziel erreichte Bauer durch die Kreuzung einer schwarzen Johannisbeere mit einer gegen Rost resistenten Stachelbeersorte. Um diese neue Art zusätzlich gegen den Stachelbeermehltau resistent zu machen, kreuzte er eine amerikanische Stachelbeerart *(Ribes divaricatum)* mit ein. Diese drei Arten kreuzen sich in freier Natur nicht. Durch Einsatz von Colchizin verdoppelte Bauer die Chromosomenzahl und konnte so fertile Hybriden erzeugen. Aufgrund ihrer Abstammung von *Ribes nigrum*, *Ribes divaricatum* und *Ribes grossularia* (heute überholte Bezeichnung für *Ribes uva-crispa)* gab der Züchter der neuen Art die botanische Bezeichnung *Ribes* x *nidigrolaria*. Als Sorte 'Josta' wurde diese Neuzüchtung in den 1970er-Jahren schliesslich auf den Markt gebracht. Neben der 'Josta' zählen die Sorten 'Jostine' und 'Jogranda' zu den 'Jostabeeren'.

Murawski brachte etwas später (1977) die Sorten 'Jocheline' und 'Jochina' unter dem Artnamen 'Jochelbeere' heraus. Im Unterschied zu den von Rudolf Bauer gezüchteten Sorten handelt es sich bei 'Jocheline' und 'Jochina' um einfache Kreuzungen zwischen einer schwarzen Johannisbeere und einer Stachelbeersorte. Sie sind resistent gegen Rost und Johannisbeergallmilbe, allerdings etwas anfällig für den Stachelbeermehltau.

Alle 'Jostabeeren' sind stachellos, ihr Geschmack liegt zwischen schwarzer Johannisbeere und Stachelbeere; ihnen fehlt jedoch das typische Aroma der schwarzen Johannisbeeren. 'Jostabeeren' hängen fest am Strauch und sind schwer pflückbar, deshalb konnten sie sich im industriellen Erwerbsanbau mit vollautomatischer Ernte nicht durchsetzen. Ihr Schnitt erfordert wegen des starken Triebwachstums einen relativ hohen Zeitaufwand. Für den Hobbygärtner kann diese gesunde und robuste Kreuzung aber eine interessante Bereicherung im Garten darstellen.

Die Stachelbeere

Ein englisches Erbe

Volksname und Volksglaube

Die lateinische Artbezeichnung *uva-crispa* bedeutete so viel wie «krause Traube» (*uva*, «Traube», und *crispus*, «kraus»). Die Beeren haben die Grösse und die Form einer Weintraube, während die Blätter bei ihrer Entfaltung im zeitigen Frühjahr einen gekräuselten Eindruck machen. Der deutsche Name «Stachelbeere» bezieht sich auf die meist starke Bewehrung und tritt unterschiedlich abgewandelt als «Stickelbeer», «Stachelpunchen», «Stickdorn» usw. auf. Im Schwäbischen, Fränkischen und Niederdeutschen kommen weit verbreitete Abwandlungen des Namens «Krause Beere» oder «Kräuselbeere» vor. In Ostösterreich erhielt sie die Bezeichnung «Ogrosl»; in der Schweiz wird die Stachelbeere häufig «Chrosle» oder «Chruselbeeri» genannt (möglicherweise fand dabei auch die französische Bezeichnung *groseillier* Eingang in die Namensbildung). Von den Alpenslawen wurde das Wort wilde Beeren in den Osttiroler Dialekt übernommen: «Peischkanitze».

Der englische Name *gooseberry* leitet sich vermutlich von der ehemals gängigen Zubereitung des Gänsebratens mit Stachelbeeren bzw. Stachelbeersauce ab (wenn nicht vom niederländischen Wort *kruisbes*). Die erfrischende Stachelbeere macht dieses etwas fette Gericht leichter bekömmlich. Die Franzosen nutzen die Stachelbeere als kulinarische Beigabe für Makrelen und nannten sie daher *groseille de maquereau*.

Die Stachelbeere galt, wie andere Dornensträucher auch, im Volksglauben als Schutzmittel gegen böse Geister. In Theodor Fontanes Heimat Ruppin war ein Aberglaube verbreitet, nach dem Stachelbeeren den Blutfluss hemmen, wenn man neun davon dem Kranken in die Seite steckt und dazu spricht: «Blut, Blut! Im Namen des Heilandes Jesus Christus, der wahrhaftig am Kreuz für uns gestorben ist, gebiete ich dir, du sollst stillestehen.» Ebenso steckte man in der Walpurgisnacht Stachelbeerzweige an die Tür und in die Fenster, um den Teufel und böse Geister fernzuhalten. Eine abergläubische Empfehlung riet Gärtnern: «Willst du eine wilde Stachelbeere veredeln, musst du sie drei Jahre hintereinander immer am Gründonnerstag vor Sonnenaufgang umsetzen.»

Die Stachelbeere diente neben anderen Bäumen und Sträuchern auch als «Andreasreiser»; dies war ein im 15./16. Jahrhundert üblicher Orakelbrauch. Die Andreasreiser wurden am Andreastag nach besonderen Regeln (schweigend und ungesehen) geschnitten und zusammengestellt. Man brauchte neben der Stachelbeere auch Zweige von Apfel, Birne, Kirsche, Pflaume, Holunder, Himbeere und Johannisbeere. Dann wurden alle zusammen in eine Vase gestellt; drei davon versah man mit farbigen Bändern und belegte sie mit einem Wunsch. Wenn der entsprechende Zweig zu Weihnachten blühte, sollte der Wunsch in Erfüllung gehen.

Die Kulturgeschichte der Stachelbeere

Unverkennbar stachlig: Stachelbeere in Blüte, Achilles – eine europäische Sorte

Wilde Stachelbeeren, aus denen sich die Kulturformen der Stachelbeere entwickelten, wachsen fast überall im gemässigten Klima Europas und Asiens und in den Bergen von Griechenland, Italien, Spanien und Nordafrika. Die Tatsache, dass die wilden Früchte klein und sauer sind und in den Mittelmeerländern nur im Gebirge gedeihen, ist wohl der Grund dafür, dass diese Frucht in der Antike keine Beachtung fand: Die Stachelbeere wurde weder erwähnt, noch fanden sich Sammelspuren in den Pfahlbausiedlungen. Die ersten archäologischen Funde aus Deutschland stammen aus dem Hoch- und Spätmittelalter.

Vermutlich wurden Stachelbeeren erstmals in England und im nördlichen Frankreich für den Garten kultiviert. Bereits vor der Herrschaftszeit der Tudors, die Stachelbeeren in verschiedensten Variationen auftischten, war dieses Obst in ganz England bekannt und beliebt. Die vermutlich erste Erwähnung ist eine Rechnung (datiert 1276) für Stachelbeerbüsche, die aus Frankreich an den Hof des englischen Königs Edward I. importiert worden waren. Ebenfalls im 13. Jahrhundert erwähnte der provençalische Troubadour Rutebeuf eine *groselle*.

Thomas Tusser bezeichnet 1557 in seinem Werk *Five Hundred Points of Good Husbandry* Stachelbeeren als gängige Gartenfrucht. Zu Shakespeares Zeiten scheint man die Stachelbeere als Delikatesse geschätzt zu haben. So befiehlt im *Sommernachtstraum* die Elfenkönigin Titania ihren Elfen, Stachelbeeren (und Aprikosen) zu suchen, um ihren Geliebten Bottom zu erfreuen. Shakespeares Landsmann John Parkinson erwähnte 1629 in seinem Werk *Paradisi in Sole Paradisus Terrestris* drei rote, eine blaue und eine grüne Stachelbeere. Was ihre Verwendung betrifft, schrieb Parkinson: «Die Beeren der gewöhnlichen Stachelbeere, wenn sie klein, grün und hart sind, werden meistens gekocht oder gesotten verwendet für Saucen, sei es für Fisch oder Fleisch verschiedener Art ... Ausserdem, wenn sie fast reif sind, für Torten ... Sie sind auch gut für Frauen mit Kindern ...»

Auf dem europäischen Kontinent war die Stachelbeere vorerst noch wenig verbreitet. 1536 erscheint sie im Traktat *De natura stirpium* des Pariser Arztes und späteren Domherrn Jean de la Ruelle bzw. Ruellius (1474–1537), der die Frucht allerdings nicht besonders lobt. Etwas später als Ruellius lernten in Deutschland Hieronymus Bock und Conrad Gesner die Stachelbeere kennen; sie schätzten sie aber nicht als Obststrauch, sondern mehr als Heckenpflanze. Erst im Laufe des 16. Jahrhunderts dürfte die Stachelbeere in grösserem Umfang in die deutschen Gärten gelangt sein, doch kannte man zu jener Zeit augenscheinlich nur wenige Sorten.

Im 17. Jahrhundert fanden die Kultursorten von England ausgehend Verbreitung in ganz Europa. Um 1740 waren etwa 100 Stachelbeersorten in England bekannt. Der Enthusiasmus der Engländer, die in jährlichen Stachelbeerwettbewerben um die grössten und schönsten Stachelbeeren wetteiferten, führte zu bedeutend verbesserten Stachelbeersorten. Mitte des 19. Jahrhunderts wurden von einzelnen englischen Gärtnereien bis zu 300 Stachelbeersorten angeboten.

Die alten englischen Sorten waren meist kleinfrüchtig und süss, die späteren waren berühmt für ihre Grösse. Um besonders grosse Früchte zu erzielen, kamen bestimmte Kunstgriffe zur Anwendung: Es wurden nur ganz wenige Früchte am Strauch belassen, ausgelichtet, reich gedüngt und bewässert sowie die Kronen mit feuchtem Moos gepolstert, sodass sich die verbleibenden Beeren ungestört entwickeln konnten.

Der deutsche Pfarrer J. E. Christ führt um 1802 290 englische und acht deutsche Stachelbeersorten auf und brachte als erster Pomologe in Deutschland wertvolle englische Sorten zur Verbreitung. Die englischen Stachelbeeren verbreiteten sich allerdings nur langsam in deutschen Gärten. Dennoch gab es um 1850 verschiedene Liebhaber für Stachelbeeren, die grössere Sammlungen unterhielten, darunter Heinrich Maurer in Jena (500 Sorten) oder Lorenz von Panser in Thüringen. 1852 gab von Panser die erste Monographie der Stachelbeere heraus, in der 966 Sorten aufgeführt und zum Teil ausführlich beschrieben sind. Noch heute besitzen wir Sorten aus dieser Zeit, zum Beispiel die 'Grüne Flaschenbeere'. Ein Grossteil der erwähnten Sorten existiert allerdings nicht mehr.

In der zweiten Hälfte des 19. Jahrhunderts entstanden in Deutschland die ersten erwerbsmässigen Grosskulturen, zum Beispiel am Niederrhein. Man versuchte sich nach englischem Vorbild auch an der Produktion von Stachelbeerwein. Reife Stachelbeeren weisen nach den Tafeltrauben den höchsten Zuckergehalt unter den heimischen Beeren auf; ihr angenehm säuerlicher Geschmack ist auf den hohen Gehalt an Wein-, Apfel- und Zitronensäure zurückzuführen. Da die Stachelbeere auf den leicht austrocknenden Rebstandorten aber nicht so gut gedieh, waren viele Bepflanzungen als Reberersatz nicht von Erfolg gekrönt.

Einen grossen Schub erhielt der Stachelbeeranbau durch eine Sortenempfehlung des Deutschen Pomologen-Vereins im Jahr 1896. Die Liste enthielt 26 anbauwürdige Stachelbeersorten, die sich für den Hausgarten und den Grossanbau eignen. Die englischen Sortenbezeichnungen wurden mit einem deutschen Namen ergänzt und gelangten in die Sortimente zahlreicher Baumschulen. Besonders aktiv waren die Beeren-

baumschulisten Franz Späth und Louis Maurer. In der Folge führte vor allem Maurer zahlreiche weitere englische Sorten in den deutschen Anbau ein. In seinem Stachelbeerbuch aus dem Jahr 1913 beschreibt er 133 Sorten, viele davon mit Liebhaberwert.

Resistenta: die langgestielten Staubgefässe und die zurückgeschlagenen Kelchblätter sind typisch für Kreuzungen mit amerikanischen Sorten

In den 1930er-Jahren, einer wirtschaftlich schwierigen Zeit, zählten Stachelbeeren neben den Johannisbeeren zu den beliebtesten Beerenobststräuchern für Selbstversorger. Die Zunahme des Amerikanischen Stachelbeermehltaus setzte dem Anbau jedoch ein jähes Ende. Wenn auch durch Einkreuzung amerikanischer Arten mehltauresistente Sorten entwickelt und eingeführt wurden, so konnte die Stachelbeere doch nie mehr ihren ehemaligen Status zurückerobern, weder in Deutschland noch in England. Die Beeren der neuen Hybridsorten waren zu klein und für die verwöhnten Gaumen der Europäer zu fad.

Europäische Stachelbeeren wurden etwa gleichzeitig mit Johannisbeeren um 1629 auch in Amerika eingeführt. Doch da diese Stachelbeeren sehr anfällig für den amerikanischen Mehltau sind, konnte sich ihr Anbau nicht breit durchsetzen. Trotz qualitativ besserer Früchte wurden die englischen Sorten zunehmend aufgegeben und mit der Neuzüchtung aus einheimischen resistenten Wildarten begonnen. Als 1833 der Gärtner Abel Houghton aus Lynn, Massachusetts, einen resistenten Sämling entdeckte und diesen unter dem Namen 'Houghton' auf den Markt brachte, wurden Stachelbeeren auch in den USA etwas häufiger angebaut. Allerdings brachte die Sorte nur kleine und minder qualitative Beeren hervor.

Ein Abkömmling der Sorte wurde von Charles Downing 1855 mit dem Namen 'Downing' gezüchtet. Diese Sorte, die wie fast alle alten amerikanischen Züchtungen als Hybride zwischen amerikanischen und europäischen Sorten angesehen wird, entwickelte grössere und bessere Früchte. Bald wurde diese leicht vermehrbare und mehltauresistente Sorte in Nordamerika die wichtigste Stachelbeere. Insgesamt entwickelten die Amerikaner allerdings keine grosse Begeisterung für diese Beere, und sie blieb im Vergleich zu anderem Beerenobst von untergeordneter Bedeutung. Die Stachelbeere stiess in den USA nicht zuletzt darum auf wenig Gegenliebe, weil die Pflanzer immer nur unreife grüne Beeren auf den Markt brachten – vollreife Beeren waren weitgehend unbekannt.

Die Grünpflücke

Eine Besonderheit bei der Ernte von Stachelbeeren ist die Grünpflücke. Sobald die Beeren etwa einen Drittel bis die Hälfte ihrer endgültigen Grösse erreicht haben (etwa ab Mitte Mai), pflückt man alle kleineren und überzähligen Früchte (meist über die Hälfte bis zwei Drittel aller Beeren) und verwertet diese zu Kompott, Kuchen etc., ähnlich wie der früher noch wenig geschätzte Rhabarber. Hierfür eignen sich nur Sorten, die frühzeitig dick werden und bei der Konservierung nicht verbräunen, zum Beispiel die 'Rote Triumphbeere' oder die 'Grüne Riesenbeere'.

In älteren Früchten nimmt der Säuregehalt zu, sodass man beim Einkochen mehr Zucker benötigt. Durch das Grünpflücken werden die restlichen Früchte grösser und geschmackvoller, und der Markt für Stachelbeeren ist noch nicht gesättigt. Allerdings ist auch die Ernte aufwändiger. Grün gepflückte Stachelbeeren eignen sich wegen ihres hohen Pektingehalts gut für Konserven. Frisch genossen sind sie jedoch nicht besonders geschmackvoll und können Magen- und Darmbeschwerden verursachen.

Vielerorts war die Grünpflücke wesentlich lukrativer als der Verkauf vollreifer Früchte. Letztere konnten oft nur zu Beginn der Erntesaison rentabel abgesetzt werden. So wurde die Grünpflücke vor allem in Deutschland sehr beliebt und entwickelte sich teilweise sogar zur Haupterntemethode, sodass nicht mehr die kleinsten, sondern die grössten Beeren für die vorzeitige Pflücke verwendet wurden. In der Schweiz war diese Verwertungsform jedoch wenig bekannt.

Für den Frischmarkt und die Herstellung von Marmeladen und Gelees werden selbstverständlich nur vollreife Früchte verwendet. Schon um 1900 wurden hierfür die rot- und gelbfrüchtigen Sorten bevorzugt.

Die Stachelbeere heute

Heute werden Stachelbeeren sowohl beim Kleinerzeuger als auch in der industriellen Produktion in weitaus geringerem Umfang angebaut als Johannisbeeren. Die Produktionsmenge hat seit 1970 weltweit stark abgenommen und ist von 218000 Tonnen im Jahr 1980 auf 137000 Tonnen im Jahr 2005 gefallen. 2005 führt die russische Föderation mit 61000 Tonnen vor Deutschland mit 38000 Tonnen Jahresproduktion. Österreich produzierte im selben Jahr nur 1600 Tonnen Stachelbeeren, die Schweiz 50 Tonnen.

Botanik und Verwandtschaft

Josselyn – ein Abkömmling einer amerikanischen Stachelbeere

Weltweit wurden etwa 25 Arten Stachelbeeren beschrieben, die bis auf sechs Arten alle in Nordamerika beheimatet sind. Sie werden zusammen mit den Johannisbeeren in die Gattung Ribes (rund 150 Arten) gestellt und in einer eigenen Familie, den Stachelbeergewächsen (Grossulariaceae) zusammengefasst. Im Unterschied zu den Johannisbeeren sind die Zweige der Stachelbeeren mehr oder weniger bewehrt. Botanisch gesehen handelt es sich dabei nicht um Stacheln, sondern um umgewandelte Blattteile, also Dornen.

Die ursprünglich in Europa kultivierten Stachelbeeren stammen von der einheimischen Stachelbeere *Ribes uva-crispa* ab. Wildformen der Stachelbeere kommen fast in ganz Europa vor, einschliesslich der Britischen Inseln, Skandinavien und des Mittelmeergebiets bis zum Atlasgebirge in Nordafrika, ausserdem im Kaukasus und in Sibirien ostwärts bis zur Mandschurei. Man findet sie bei uns vor allem im Unterwuchs feuchter Wälder, in Bachschluchten und auf verwachsenen Lesesteinhaufen. Nicht selten gedeiht die Pflanze auch an schattigen Mauern und Felsen im Umkreis alter Burgen. In den bayerischen Alpen kommt sie bis 1080 Meer, in den Zentralalpen gar bis 1860 Meter vor. Im Süden wächst sie nur im Gebirge.

Die wilde Stachelbeere ist sehr vielgestaltig, und so werden verschiedene Varietäten unterschieden. Ähnlich wie bei den Kulturstachelbeeren gibt es grün-, gelb- und rotfrüchtige Typen. Daneben kommen längliche und fast kugelige Fruchtformen vor. Die Schale ist entweder glatt oder behaart oder dicht mit Drüsenborsten besetzt. Im Vergleich zu den Kultursorten sind die Wildformen jedoch deutlich kleiner und härter, sie bringen gerade einmal 0,5 bis 1 Gramm auf die Waage – 20 bis 30 Mal weniger als die heutigen Kulturstachelbeeren.

Neben der europäischen Art wurden verschiedene nordamerikanische Arten in der Stachelbeerzüchtung verwendet, zuerst in Nordamerika, später auch in der Resistenzzüchtung in Europa. Die wichtigsten Arten sind die eng mit der europäischen Stachelbeere verwandten 'Kanadische Stachelbeere' *(Ribes oxyacanthoides)*, 'Behaartstengelige Stachelbeere' *(Ribes hirtellum)*, 'Hagebutten-Stachelbeere' *(Ribes cynosbati)* und 'Oregon-Stachelbeere' *(Ribes divaricatum)*. Diese unterscheiden sich von der europäischen Stachelbeere vor allem durch ihre wesentlich kleineren, dünnschaligeren Früchte und den meist zwei-bis vierbeerigen Fruchtstand. Die Beeren sind bei Vollreife meist bräunlich rot, rosaviolett bis blauschwarz.

Der wesentlichste agronomische Unterschied zwischen den Arten dies- und jenseits des Atlantiks besteht in der Anfälligkeit für den wichtigsten Stachelbeerschädling: den Amerikanischen Stachelbeermehltau *(Sphaerotheca mors-uvae)*. Diese Krankheit breitete sich um 1900 von Amerika nach Europa aus und war bereits 1915 in ganz Europa häufig anzutreffen. Während die amerikanischen Sorten dagegen weitgehend resistent sind, sind die europäischen Sorten fast alle mehltauanfällig.

Die Stachelbeere ist in unterschiedlicher Abstufung selbstfruchtbar. Dabei reifen die Pollen aus, bevor die Narbe empfängnisbereit ist. Aus diesem Grund ist auch bei der Stachelbeere eine Fremdbestäubung zur Erhöhung der Ertragsleistung von Vorteil. Allerdings blühen die Stachelbeeren derart früh (in Tieflagen bereits im März), dass eine erfolgreiche Insektenbestäubung nicht jedes Jahr möglich ist.

Viele Sorten legen bereits im Mai beträchtlich an Grösse zu. Ab Juni werden die vielsamigen Beeren vollreif. Dabei bilden sich in charakteristischer Weise die Fruchtfarbstoffe aus, anhand deren grün-, gelb- und rotfrüchtige Sorten unterschieden werden. Diese Farbstoffe sind bei den europäischen und amerikanischen Sorten chemisch verschieden. Letztere entsprechen in der Farbstoffzusammensetzung der schwarzen Johannisbeere. Sonnwärts können sich bei vielen Sorten auf der Fruchthaut rotmarmorierte Sonnenflecken bilden.

Tipps für den Hausgarten

Sortenwahl

Die meisten alten Stachelbeersorten, insbesondere die europäischen Sorten, sind mehr oder weniger mehltauanfällig und auf entsprechende Pflege- und Pflanzenschutzmassnahmen angewiesen. Wer ohne viel Aufwand Stachelbeeren anbauen möchte, wählt deshalb die heute handelsüblichen mehltautoleranten neueren Züchtungen, zum Beispiel 'Invicta' (hellgrün), 'Mucurines' (hellgrün), 'Remarka' (rot), 'Rokula' (rot) oder 'Rixanta' (gelb). Viele dieser Sorten sind zwar ebenfalls nicht völlig frei von Mehltau, doch ist der Befall deutlich geringer.

Auch unter den alten Stachelbeeren finden sich einige Sorten, die sich mit mässigem Einsatz von Pflanzenschutzmitteln und fachgerechter Pflege erfolgreich kultivieren lassen, beispielsweise 'Weisse Triumph' (gelblich grün), 'Early Green Hairy' (dunkelgrün, borstig), 'Früheste Gelbe' (gelb, borstig) oder 'Mauks Frühe Rote' (rot, glatt). Von den alten amerikanischen Sorten kann insbesondere die wenig empfindliche 'Poorman'

empfohlen werden. Ob und wie stark eine Sorte von Mehltau befallen wird, hängt aber von den konkreten örtlichen Verhältnissen und dem Befallsdruck ab.

Invicta – eine mehltautolerante, neuere Sorte

Pflanzung, Vermehrung, Schnitt

Die Pflanzung von Stachelbeeren erfolgt während der Vegetationsruhe zwischen Oktober und März. Da Stachelbeeren sehr früh austreiben – in Tieflagen oft bereits im Februar –, muss die Pflanzung frühzeitig geplant werden. Der Abstand zwischen den Pflanzen beträgt bei einer Buscherziehung je nach Sorte zwischen 1 und 1,5 Metern.

Stachelbeeren lassen sich am besten über Absenker vermehren. Zu diesem Zweck werden die einjährigen Triebe im Frühjahr möglichst flach auf die lockere Erde gelegt, dort festgesteckt und mit Erde bedeckt. Bis zum Herbst haben sich im mit Erde bedeckten Bereich reichlich Wurzeln gebildet, und der abgelegte Trieb kann in mehrere Jungpflanzen zerteilt werden. Im Unterschied zu den meisten Johannisbeeren lassen sich Stachelbeeren in der Regel nur schwer über Steckhölzer vermehren. Am erfolgreichsten ist die Steckholzvermehrung bei amerikanischen Sorten. Der beste Zeitpunkt für den Schnitt der Steckhölzer ist September oder Oktober.

Damit die Stachelbeersträucher nicht zu dicht werden und schöne Beeren ausbilden, ist ein regelmässiger Schnitt unerlässlich. Im Hausgarten wird in der Regel eine lockere Buscherziehung mit etwa sechs Gerüstästen angestrebt. Sobald sich die Sträucher voll entwickelt haben, werden die ältesten Äste alle vier Jahre durch neue Bodentriebe ersetzt. Ein Gerüstast kann also etwa drei Jahre lang beerntet werden.

Neben dem Aufbauschnitt ist ein jährlicher Auslichtungsschnitt nötig. Dabei werden alle nach innen wachsenden Triebe sowie die überzähligen Bodentriebe und die Seitentriebe in Bodennähe vollständig entfernt. Der Stachelbeerstrauch trägt vor allem an den mittelstarken vorjährigen Seitentrieben. Zur Anregung von Fruchtholz werden deshalb die kräftigsten Seitentriebe entweder ganz weggeschnitten oder auf kurze Zapfen (zwei bis drei Knospen) zurückgeschnitten, während die schwächeren Triebe lediglich etwas eingekürzt werden. Da der gefürchtete Stachelbeermehltau an den Zweigspitzen überwintert, kürzt man alle Haupt- und Nebentriebe um etwa einen Viertel ihrer Länge ein und vernichtet die befallenen Triebspitzen.

Auf einen Sommerschnitt sollte man wenn immer möglich verzichten oder diesen erst ab August durchführen. Frische Schnittstellen sind bevorzugte Eiablageorte für den Johannisbeerglasflügler, einen Kleinschmetterling, dessen Larven sich durch das Mark bohren und die Triebe absterben lassen.

Eine dekorative und sehr beliebte Form, Stachelbeeren im Garten anzupflanzen, sind kleine Kronenbäumchen. Dazu wird die gewünschte Stachelbeersorte meist auf *Ribes aureum*, die 'Gold-Johannisbeere' veredelt. Das Bäumchen trägt zwar weniger, dafür aber grössere Beeren. Der Nachteil dabei ist, dass die Stämmchen ihr gesamtes Leben an einen stabilen Stab angebunden sein müssen. Insbesondere die weit oben liegende Veredelungsstelle ist bruchgefährdet und muss auf beiden Seiten gut fixiert sein. Sogar die Krone muss man am Stab gegen Auseinanderbrechen sichern. Für Sorten mit stark hängendem Wuchs kann eine derartige Erziehung aber von Vorteil sein.

Standort, Boden, Düngung, Pflanzengesundheit

Die Stachelbeere stellt im Durchschnitt höhere Ansprüche an den Boden als die Johannisbeere. Nur spätfrostarme Lagen mit tiefgründigen, gut Wasser führenden Böden kommen für einen erfolgreichen Anbau in Frage. Am besten gedeiht sie in einem nicht zu bindigen, humus- und kalkreichen Gartenboden, gern auch in Nordostexposition. In Trockenperioden während des Fruchtens sollte der Strauch bewässert werden, da die Früchte sonst meist vorzeitig abfallen. Anhaltend starke Sonne, Trockenheit und Hitze setzen vielen Stachelbeeren zu und verursachen oft Sonnenbrand, daher ist eine leichte Beschattung nicht schlecht. Früher pflanzte man Stachelbeeren gern als Unterkultur unter Obstbäumen.

Am besten wird der Stachelbeerstrauch im zeitigen Frühjahr mit gutem Kompost oder kompostiertem Mist gedüngt. Massvoll eingesetzt ist auch Holzasche (aus der Verbrennung mit unbehandeltem Holz) ein gutes Düngemittel. Ausserdem ist es ratsam, den Boden ständig mit einer lockeren Mulchschicht bedeckt zu halten. Man vermeidet dadurch ein starkes Unkrautwachstum und ein Austrocknen der obersten Bodenschichten.

Stachelbeerpflanzung
bei Reto Meng in Rafz (CH)

Frisch geerntet …

Gegen den Mehltau hilft neben der Sortenwahl nur konsequente Pflege unter Einsatz von biologischen oder konventionellen Pflanzenschutzmitteln. Als vorbeugende Massnahme ist insbesondere das Einkürzen der Triebspitzen im Winterhalbjahr zu nennen. Zusammen mit einer 1,5- bis 2-prozentigen Netzschwefelspritzung (kurz vor dem Austrieb) kann der Mehltau in den meisten Fällen einigermassen in Schach gehalten werden. Nach dem Erscheinen der Blätter darf man auf keinen Fall mehr Schwefel einsetzen, da viele Sorten schwefelempfindlich sind. Man muss sich dann auf allgemeine Pflanzenstärkungsmittel (z. B. Schachtelhalmbrühe) beschränken und regelmässig befallene Früchte und Pflanzenteile entfernen oder auf konventionelle Pflanzenschutzmittel zurückgreifen.

Ernte

Wer selbst Stachelbeeren anbaut, sollte darauf achten, die Früchte nicht zu früh zu pflücken. Für Gelee, Marmelade oder Torte können zwar auch unreife Früchte verwendet werden, ihren vollen Geschmack und ihre Süsse entfalten die Stachelbeeren aber erst in voller Reife. Da die Reife oft stark folgernd ist, können die Sträucher mehrmals über einen längeren Zeitraum beerntet werden. Gewisse Stachelbeersorten können sogar nach der Vollreife noch am Strauch bleiben. Wenn es nicht gerade heftige Regenfälle oder zu heisse Sonneneinstrahlung gibt, halten diese Sorten sehr gut länger. In den Niederlanden und in Belgien liessen die Anbauer die reifen Stachelbeeren (ebenso wie die Johannisbeeren) oft einige Wochen länger am Strauch, um sie so zu «lagern».

Achilles

England um 1800

Die über 200 Jahre alte englische Sorte 'Achilles' wird auch heute noch im Erwerbsanbau angepflanzt. Die Sorte liefert überdurchschnittlich grosse, glatte, elliptische, schön dunkel- bis violettrot gefärbte Früchte mit einem ausgesprochen guten, würzigen Aroma. Die Schale ist ziemlich fest, platzt aber in Regenperioden leicht auf. Bei günstiger Witterung oder mit Regendach können die Beeren jedoch lange am Strauch hängen bleiben. 'Achilles' reift spät und ist überaus ertragreich.

'Achilles' unterscheidet sich von den meisten anderen rotfrüchtigen Sorten durch ihren charakteristischen Wuchs. Die kräftigen Gerüstäste stehen halb aufrecht, während die langen und dünnen Fruchttriebe bogig überhängen. Letztere sind bereits als einjährige Triebe voll fruchtbar und im Winter auffallend hell gefärbt. Da die Zweige nur mittelmässig bestachelt sind (das obere Triebdrittel ist oft sogar gänzlich unbewehrt) und die Beeren einen langen Fruchtstiel aufweisen, lässt sich 'Achilles' leicht pflücken. Typisch für diese Sorte sind ausserdem die grünlich gelben Blüten, deren Kelchblätter im Unterschied zu den meisten Stachelbeersorten fast keine Rotfärbung aufweisen.

Leider ist die Sorte ziemlich mehltauanfällig. Durch regelmässigen Schnitt und konsequenten Pflanzenschutz kann die Krankheit aber mit vernünftigem Aufwand in die Schranken gewiesen werden. Die ausgezeichnete Qualität der Früchte lohnt den Aufwand in jedem Fall.

Captivator

Kanada 1949

'Captivator' entstand in einem Züchtungsprogramm für Stachellosigkeit an der Central Experiment Farm im kanadischen Ottawa. In diesem Programm verkreuzte Dr. A. W. S. Hunter in den 1940er-Jahren amerikanische Stachelbeeren (*Ribes oxyacanthoides* bzw. *hirtellum*) mit verschiedenen europäischen Sorten. Die Sämlinge wurden anschliessend nochmals ein- bis dreimal mit europäischen Sorten verkreuzt. Die dabei entstandenen Sorten waren ziemlich kleinfruchtig und nur mässig wüchsig. Neben 'Captivator' entstanden die Sorte 'Spinefree' und eine Anzahl unbenannter Sämlinge.

'Captivator' zeichnet sich neben der Stachellosigkeit durch eine ausgeprägte Mehltautoleranz aus. Die leicht zu pflückenden elliptischen bis meist birnenförmigen Beeren reifen sehr spät und sind nur mässig aromatisch, oft sogar leicht mehlig. Die Schale ist verwaschen rot bis violettrot gefärbt, glatt und stark bereift. Die Früchte sind fest, fast etwas hart und platzen auch in Regenperioden kaum auf. Wie alle Abkömmlinge von *Ribes oxyacanthoides* und *Ribes hirtellum* hat auch 'Captivator' auffallend schlanke, lange und zum Teil bogige Jahrestriebe. Der Strauch hat deshalb einen eher lockeren, breiten Wuchs. Die Sorte ist sehr kälteresistent.

Trotz einzelner positiver Sorteneigenschaften wird 'Captivator' bei uns eher selten angebaut. Die nur mittelgrossen und nicht besonders attraktiv gefärbten, harten und eher geschmacksarmen Beeren entsprechen nicht unbedingt den europäischen Vorstellungen einer Stachelbeere. 'Captivator' erlangte aber einige Bedeutung bei der Züchtung neuer stachelloser Sorten.

Early Green Hairy

England um 1820

'Early Green Hairy' lässt sich mit kaum einer anderen Stachelbeersorte verwechseln. Typisch sind vor allem die kleinen, kugeligen, dunkelgrünen, borstig behaarten Beeren. Die Schale ist relativ dünn und deutlich geadert. Die zähe Fruchthaut lässt die Beeren auch bei Regenwetter kaum platzen.

Obwohl 'Early Green Hairy' wegen ihrer intensiv dunkelgrünen Färbung meist für unreif gehalten wird, gehört die Sorte zu den süssesten und aromatischsten Stachelbeeren. Nicht von ungefähr war sie im 19. Jahrhundert in England als Dessertfrucht hoch geschätzt. Lästig sind allerdings die etwas zähe Fruchthaut und die kleinen Beeren sowie die kurzen Beerenstiele, die die Pflückarbeit erschweren.

Neben den Beeren weisen auch der Strauch und die Blätter typische Sortenmerkmale auf. Die schlanken, staubig behaarten, braunen Triebe stehen fast senkrecht und verleihen der Sorte einen dichten, aufrechten Wuchs. Die Blätter sind auffallend glänzend und dunkelgrün. Ausserdem wird die Sorte im Vergleich zu anderen alten europäischen Stachelbeeren nur selten von Mehltau befallen.

'Early Green Hairy' war im 19. Jahrhundert vor allem in England und im nördlichen und westlichen Deutschland verbreitet. Sie wurde unter zahlreichen Namen beschrieben und verkauft. In England hiess die Sorte auch 'Green Gascoigne', 'Early Green' oder 'Green Gage', von deutschen Baumschulen wurde sie als 'Deutsche Grüne' vertrieben. Allerdings wurde die Sorte vor allem in Deutschland auch oft mit der weniger aromatischen und deutlich heller (gelblich grün) gefärbten Sorte 'Small Hairy Green' verwechselt.

Früheste Gelbe

England vor 1825; Syn.: Early Sulphur, Yellow Lion u. a.

'Früheste Gelbe' ist eine der wenigen Stachelbeersorten, die über England hinaus grosse allgemeine Verbreitung gefunden haben. Sie war bis in die zweite Hälfte des 20. Jahrhunderts in weiten Teilen Europas eine Hauptsorte im Hausgarten und Erwerbsanbau. Noch heute findet man die Sorte gelegentlich in alten Gärten. Die alten englischen Beerenzüchter nannten die Sorte 'Yellow Lion', später 'Early Sulphur'. In Deutschland wurde sie vielfach auch als 'Allerfrüheste Gelbe', 'Gelbe Honigbeere' oder 'Frühe Rauhe Gelbe' bezeichnet.

Neben der ausgesprochenen Frühreife und dem hellen, flaumig behaarten Laub zeichnet sich 'Früheste Gelbe' durch eher kleine, regelmässig geformte, rundliche bis schwach elliptische, matt goldgelbe, ungewöhnlich dicht und lang drüsenborstig behaarte Beeren aus. Die Schale ist sehr dünn und durchscheinend und von hellgelben Adern durchzogen. Die saftigen Beeren waren wegen ihres süssen, sanften, leicht aprikosenähnlichen Geschmacks sehr geschätzt und wurden vor allem als frisches Tafelobst und für die Weinbereitung verwendet. Allerdings sind sie in vollreifem Zustand sehr weich und nicht transportfest.

'Früheste Gelbe' macht dem Namen Stachelbeere alle Ehre. Kaum eine andere Stachelbeere ist derart dicht und scharf bestachelt wie sie. Es erfordert schon etwas Geschick, die honiggelben Beeren zwischen den langen dreiteiligen Stacheln hervorzuklauben. Ausserdem wächst der Strauch derart dicht und aufrecht, dass bei unzureichendem Schnitt nur die äussersten Beeren gepflückt werden können. Dafür wird die Sorte im Vergleich zu anderen europäischen Stachelbeeren nur relativ schwach von Mehltau befallen. Ein weiterer Vorteil ist, dass die Beeren lange am Strauch haltbar sind, ohne in Gärung überzugehen oder aufzuplatzen. Ausserdem leiden sie selten unter Sonnenbrand und entwickeln ihr Aroma bereits vor der Vollreife.

'Früheste Gelbe' bevorzugt eher warme, tiefe Lagen und gute Böden mit ausreichender Wasserversorgung. Bei Sommertrockenheit reagiert die Sorte rasch mit Blattfall. Starke Winterfröste können der Sorte ebenfalls zusetzen.

Um 1900 erschien von Julius Hönings, Neuss am Rhein, ein Sämling von 'Early Sulphur' unter dem Namen 'Hönings' Früheste'. Die Sorte unterscheidet sich nur wenig von 'Früheste Gelbe', hat aber etwas grössere, festere, hellere und weniger dünnschalige Früchte. Sie wurde vor allem im deutschsprachigen Raum viel gehandelt und für Züchtungen verwendet.

Golden Drop

England um 1810

'Golden Drop' ist eine sehr alte und weit verbreitete Stachelbeere. In England hiess sie auch 'Golden Lemon'. 'Golden Drop' galt als wertvolle Dessertbeere und wurde vor allem in Hausgärten angepflanzt.

Die Sorte gleicht ein wenig der 'Early Sulphur'. Die ebenfalls früh reifenden, nur mittelgrossen, gelben, dünnschaligen Beeren sind jedoch meist elliptisch, teilweise sogar leicht birnenförmig und sonnenseits blutrot marmoriert. Die Borstenbehaarung ist deutlich schwächer und kann an einzelnen Früchten und in gewissen Jahren sogar völlig fehlen. Geschmacklich ist 'Golden Drop' mit 'Early Sulphur' vergleichbar.

'Golden Drop' wächst nur mässig stark und erreicht nicht den Umfang von 'Early Sulphur'. Ausserdem sind die Triebe weniger scharf und dicht bestachelt. Neben Dreifachstacheln sind auch einfache Stacheln vorhanden. Die Mehltauanfälligkeit ist relativ hoch, die Platzneigung gering.

Grüne Flaschenbeere

England vor 1800; Syn.: Green Willow

Die 'Grüne Flaschenbeere' gehört zu den ältesten, heute noch vorhandenen Stachelbeeren. Sie war in fast allen Beerenobstbau treibenden Ländern verbreitet und sowohl in Hausgärten als auch im Erwerbsanbau sehr geschätzt.

Die 'Grüne Flaschenbeere' ist durch ihre charakteristische Form und die Farbe der Früchte unverkennbar. Die Beeren sind gross bis sehr gross, meist birnenförmig, zum Teil auch elliptisch und gegen den Stielansatz in ein fleischiges Stielchen verjüngt. Sie haben eine dünne, glatte, dunkelgrüne Schale, die auf der Sonnenseite oft rötlich marmoriert ist. Die Reife ist eher spät.

Geschmacklich kann die 'Grüne Flaschenbeere' nicht an der Spitze mithalten. Beim Frischgenuss wird das eigentlich gute Aroma durch einen etwas unangenehmen säuerlichen Nachgeschmack beeinträchtigt. Dies ist wohl auch mit ein Grund, weshalb die Sorte vor allem für die Verwertung, besonders zum Ganzeinmachen (Einlegen in Zucker und Einkochen als Kompott), sowie als Belagfrucht für die Bäckerei verwendet wurde. Die 'Grüne Flaschenbeere' war von der Konservenindustrie sehr begehrt.

Der Strauch wächst ausserordentlich kräftig und bildet breit ausladende Büsche. Die Langtriebe und die einjährigen Seitentriebe sind abstehend und an der Spitze

meist überhängend. Damit der Busch nicht zu dicht wird und eine vernünftige Form erhält, muss er regelmässig geschnitten werden. Neben der Buscherziehung ist wegen des hängenden Wuchses eine Spaliererziehung sinnvoll. Die Sorte ist stark mehltauanfällig.

Grüne Riesenbeere

England um 1825; Syn.: Jolly Angler

Die 'Grüne Riesenbeere' ist schon seit 1825 in Kultur und wurde 1896 vom Deutschen Pomologen-Verein zum Massenanbau als eine der besten Sorten zum Grünpflücken empfohlen. Nach 1900 fand die bis dahin in England unter dem Namen 'Angler' oder 'Jolly Angler' häufig angebaute kultivierte Sorte auch in Deutschland zunehmend Verbreitung.

Die Früchte der 'Grünen Riesenbeere' sind wie bei der 'Weissen Triumphbeere' stark flaumig behaart und bei Vollreife gelblich grün und sonnwärts rötlich marmoriert. Sie sind aber meist etwas länglicher und haben eine dickere Schale. Ausserdem ist die Reifezeit eher spät. Die Beeren halten sich lange am Strauch. Wegen ihrer grossen Früchte wurde die Sorte von den Engländern häufig ausgestellt. Trotzdem liefert die 'Grüne Riesenbeere' deutlich geringere und weniger regelmässige Erträge als die 'Weisse Triumph'.

Markante Unterschiede zwischen den beiden Sorten zeigen sich vor allem im Wuchs: Die 'Grüne Riesenbeere' macht viele kräftige, seitwärts abstehende und an der Spitze meist etwas zurückgebogene Seitentriebe, die dem Strauch ein sparriges Aussehen verleihen. Auch die Langtriebe sind abstehend und an der Spitze bogig überhängend. Der Strauch wird deshalb recht umfangreich und ist vor allem für die Spaliererziehung geeignet. Die 'Grüne Riesenbeere' bevorzugt gute Lagen. Sie ist mehltauanfälliger als die 'Weisse Triumph'. Für den Massenanbau ist sie zu wenig ertragreich.

Houghton

USA 1833

'Houghton' ist die älteste amerikanische Stachelbeersorte. Berichten zufolge soll der Gärtner Abel Houghton mitten in eine Gruppe verschiedener europäischer Stachelbeersorten eine wilde amerikanische Art (vermutlich *Ribes oxyacanthoides*) gepflanzt haben. 1833 säte Houghton Samen der wilden Art aus. Von den Sämlingen überlebte nur eine einzige Pflanze, die daraufhin in Amerika unter dem Namen 'Houghton' in den Handel gebracht wurde. Ob und inwieweit tatsächlich eine spontane Verkreuzung der amerikanischen Stachelbeere mit europäischen Sorten stattgefunden hat, war bereits im 19. Jahrhundert umstritten.

'Houghton' ist die kleinstbeerige, amerikanische rote Stachelbeere, aber eine der fruchtbarsten des Formenkreises. Die runden und am Stiel und Kelch etwas abgeplatteten Beeren erreichen einen Durchmesser von nur etwa einem Zentimeter. Sie sind lang gestielt und stehen in einem meist zwei- bis dreibeerigen Fruchtstand. Die Schale ist völlig glatt und stark wachsig bereift. Die Beerenfarbe wechselt von anfänglich Hellrosa über Dunkelrosa zu Violettrot. Die Reife setzt spät ein und ist stark folgernd, sodass gleichzeitig sowohl grüne als auch bereits rote Beeren vorhanden sind. Geschmack und Konsistenz der Beeren sind nicht mit den europäischen Sorten zu vergleichen. Die Beeren sind eher süss, mit wenig Säure und nur schwach gewürzt. Bei Überreife werden sie etwas mehlig. Sie wurden zum erwerbsmässigen Anbau für die Herstellung von Marmeladen und Beerenobstwein empfohlen.

Der Strauch ist stark- und beitwüchsig und völlig mehltauresistent. Die Langtriebe wachsen in ihrer Jugend aufrecht, neigen sich aber wie die auffallend schlanken Seitentriebe bald abwärts. Der Strauch erhält dadurch einen lockeren hängenden Wuchs. Das Laub verfärbt sich im Herbst leuchtend orangerot.

Wegen ihres ausserordentlich hohen Ertrags wurde 'Houghton' in den Jahrzehnten vor und nach 1900 auch in Europa viel gepflanzt, allerdings oft unter falschem Namen. Die meisten amerikanischen Sorten wurden damals als 'Amerikanische Gebirgsstachelbeere', 'Mountain' oder 'Mountain Seedling' gehandelt. Die 'Amerikanische Gebirgsstachelbeere' ist allerdings ein Abkömmling der 'Hagebutten-Stachelbeere' *(Ribes cynosbati)* und zeichnet sich durch dickschalige, dunkelpurpurrote bis fast schwarzrote, mehr oder weniger borstig behaarte Beeren aus. Trotz Empfehlung durch den Deutschen Pomologen-Verein war die echte 'Mountain' in Europa wenig verbreitet.

Keepsake

England um 1850

Die Entstehung der Sorte ist unbekannt. In England war 'Keepsake' im 19. Jahrhundert fast in jedem grösseren Baumschulkatalog aufgeführt und abgebildet. Im deutschsprachigen Raum hingegen fand die Sorte erst ab etwa 1900 weitere Verbreitung. Die hohe Fruchtbarkeit und die vielseitige Verwertbarkeit machten diese Stachelbeere zu einer begehrten Sorte für den Massenanbau, insbesondere für die Verwertungsindustrie.

Die ziemlich grossen, dünnschaligen, hellgrünen, bisweilen braunrot punktierten Beeren haben eine elliptische Form und sind gegen den Stiel oft etwas abgeplattet. Die Schale ist nur schwach behaart und zerstreut drüsenborstig, wobei die Drüsenborsten auch völlig fehlen können. Der Strauch wächst kräftig und gedeiht auch noch in schweren Böden und in freien, ungeschützten Lagen. Die Triebe sind an der Spitze unbewehrt und etwas abstehend.

Maiherzog

England vor 1890; Syn.: May Duke

'Maiherzog' wurde um 1890 von Louis Maurer aus England in Deutschand eingeführt und zehn Jahre später von mitteldeutschen Pflanzenhandlungen in grossen Massen verbreitet. Die Sorte ist freilich wesentlich älter und dürfte in England bereits um 1800 angebaut worden sein.

Man bezeichnete 'Maiherzog' damals als «frühest reifende, rote Stachelbeere». Frühsorten wurden im Allgemeinen deutlich besser bezahlt als späte, weshalb 'Maiherzog' rasche Verbreitung fand. Hinzu kamen die leuchtend hellroten, kugeligen Beeren, die gute Transportfähigkeit und günstige Anbaueigenschaften, die einen Anbau lukrativ machten. 'Maiherzog' war bis vor wenigen Jahren in der Schweiz noch im Handel. Der Anbau ist jedoch stark rückläufig.

Die mittelgrossen Beeren sind rundlich, zum Teil auch abgeplattet oder schwach oval, kahl und eher dünnschalig. Sie verfärben sich während der Reife von anfänglich leuchtend hellrot über dunkel marmoriert zu durchgehend weinrot. Da die Früchte vor allem in den frühen Reifephasen sehr attraktiv sind, wurden sie oft vor der Vollreife gepflückt. Ausserdem leidet die Sorte bei starker Sonneneinstrahlung unter Sonnenbrand. Der Geschmack von 'Maiherzog' ist angenehm süssaromatisch, aber nicht besonders würzig. Oft haben die Beeren bei Vollreife etwas wenig Säure, sodass ein frühes Pflücken nicht unbedingt von Nachteil ist.

Der Wuchs von 'Maiherzog' ist nicht besonders stark. Die Spitze der Gerüsttriebe sowie die Seitentriebe sind allerdings schlank und überhängend, sodass die Sorte einen breiten Busch bildet. Ein konsequenter Schnitt ist für einen optimalen Strauchaufbau unumgänglich. Leider ist 'Maiherzog' ziemlich mehltauanfällig.

Um 1945 wurde von A. Mauk, Lauffen am Neckar, ein Sämling von 'Maiherzog' unter dem Namen 'Mauks Frühe Rote' in den Handel gebracht. 'Mauks Frühe Rote' reift noch früher als 'Maiherzog' und ist im Vergleich weitaus weniger mehltauanfällig. Mitte der 1950er-Jahre entwickelte Dr. Bauer aus 'Mauks Frühe Rote' die weitgehend mehltauresistente Sorte 'Remarka'.

Poorman

USA 1888

'Poorman' ist die wohl beste, grösste und schönste amerikanische Stachelbeersorte. Sie wurde kurz vor 1890 von W. H. Craighead in Utah (USA) gezüchtet. Eltern waren vermutlich die damaligen amerikanischen Hauptsorten 'Houghton' und 'Downing'.

Besonders auffallend und charakteristisch ist die Fruchtverfärbung im Laufe des langen Reifeprozesses. Die für eine amerikanische Sorte recht grossen, ovalen bis schwach birnenförmigen Beeren sind anfänglich hellgrün, später rosa, bei Vollreife rosaviolett und zuletzt weinrot. Wegen ihrer starken (abwischbaren) Bereifung erscheinen die Früchte zeitweise fast etwas silbrig. In vollreifem Zustand sind die Beeren süss und aromatisch, wenn auch etwas hartschalig.

Der Strauch hat einen äusserst starken, breit ausladenden Wuchs. Die halb aufrechten, matt hellgrün belaubten Triebe erreichen problemlos eine Höhe von anderthalb Metern und mehr. Wegen ihrer enormen Wuchskraft müssen die Pflanzen weiter auseinander gepflanzt werden als die meisten anderen Sorten.

Auch wenn 'Poorman' nicht völlig mehltauresistent ist, wird die Sorte nur wenig und vor allem an den Triebspitzen befallen. Sie kann deshalb auch im Biolandbau erfolgreich angebaut werden. Weitere angenehme Sorteneigenschaften sind die relativ geringe Bewehrung, die leichte Pflückbarkeit sowie der hohe Ertrag. Ausserdem sind die Beeren recht transportfest. Da sie über einen langen Zeitraum reifen, muss mehrmals durchgepflückt werden.

Resistenta

Deutschland 1953; Syn.: Macherauchs Resistenta

'Resistenta' war eine der ersten Stachelbeerzüchtungen aus dem Resistenzzüchtungsprogramm des deutschen Beerenobstzüchters Dr. R. Bauer. Sie wurde 1953 von der Baumschule Artländer in den Handel gebracht, konnte sich aber trotz ihrer Mehltauresistenz nicht durchsetzen.

Der Einfluss der eingekeuzten 'Oregon-Stachelbeere' *(Ribes divaricatum)* äussert sich vor allem in einer extrem scharfen und langen Bestachelung. Da der Strauch zudem stark- und dichtwüchsig ist, lassen sich die Beeren kaum ohne zerkratzte und verstochene Hände pflücken. Typische «amerikanische» Merkmale sind die Blüten mit ihren lang aus der Krone ragenden Staubblättern sowie die Bereifung der Beeren.

Die recht spät reifenden Beeren von 'Resistenta' sind nur mittelgross, rundlich bis elliptisch, gelbgrün und völlig kahl. Der Geschmack ist auffallend süss und aromatisch. Die Platzneigung ist gering.

Rote Orleans

Herkunft unbekannt

Herkunft und Entstehung der 'Roten Orleans' sind unbekannt. Sehr wahrscheinlich handelt es sich um ein Synonym für die alte englische Sorte 'Crownprince', die bereits 1800 von Pfarrer Christ als besonders wertvolle Sorte erwähnt wurde.

Die 'Rote Orleans' zeichnet sich vor allem durch ihre sehr grossen, länglichen, unregelmässig birnen- bis walzenförmigen, dickschaligen Beeren aus. Die Färbung ist ebenfalls ungleichmässig, auf grünlichgelbem Grund

glänzend hellrot, später dunkelrot. Oft wachsen am gleichen Strauch sowohl kahle als auch zerstreut drüsenborstige Beeren. Die Intensität der Borstenbehaarung kann auch von Jahr zu Jahr wechseln. Der gute, aber nicht besonders ausgeprägte Geschmack wird durch die Dickschaligkeit und die zum Teil harten Borstenhaare etwas beeinträchtigt. Die Beeren sind dank ihres langen Fruchtstiels leicht pflückbar. Die Sorte ist früh reif.

Trotz der grossen Früchte ist der Ertrag nur mittelhoch. Die wenig verzweigten Triebe sind bogig aufsteigend mit etwas überhängender Spitze. Der Strauch zeigt deshalb einen ausladenden, lockeren, beinahe flatterigen Wuchs. Die Mehltauanfälligkeit ist mit der 'Weissen Triumphbeere' vergleichbar.

Rote Triumphbeere

Schottland um 1835; Syn.: Whinham's Industry u. a.

Die 'Rote Triumphbeere' wurde 1835 vom Gärtner Robert Whinham im schottischen Morpeth gezüchtet. Es dauerte allerdings mehrere Jahrzehnte, bis der besondere Anbauwert der Sorte erkannt wurde. Erst nach Whinhams Tod wurde die Sorte von findigen Pflanzenhandlungen unter dem Namen 'Whinham's Industry' verbreitet. Innerhalb von kaum drei Jahrzehnten gelangte die 'Rote Triumphbeere' in alle Beerenobstbau treibenden Länder und fand sich in jedem auch noch so kleinen Baumschulkatalog.

Die 'Rote Triumphbeere' bringt grosse, dicht kurzflaumig-behaarte, teilweise auch zerstreut-drüsenborstige, dunkelweinrote, später auf der Sonnenseite auch fast schwarzrote, dickschalige, feste Beeren hervor. Die Fruchtform ist oval und gegen den Stielansatz oft leicht birnenförmig zulaufend. Das Fruchtfleisch ist bräunlich bis grünlich rot und von angenehm süsssäuerlichem, würzigem Geschmack. Die Reife setzt mittelfrüh ein und erstreckt sich über einen längeren Zeitraum, weshalb mehrmals durchgepflückt werden muss. Die Beeren halten sich allerdings gut am Strauch und sind dank der dichten dunkelgrünen Belaubung vor starker Sonneneinstrahlung und Regen geschützt.

Der besondere Wert der Sorte lag ursprünglich vor allem im ungemein raschen Wachstum der jungen Früchte, was eine höchst einträgliche Grünpflücke erlaubte. Hinzu kam der ausserordentlich kräftige, schöne, aufrechte Wuchs, die grosse Fruchtbarkeit, die Ertragssicherheit und die Dauerhaftigkeit des Strauches. Obwohl es auch andere grossfruchtige rote Stachelbeeren gab, die wohlschmeckender und dünnschaliger als die 'Rote Triumphbeere' waren, war diese die mit Abstand wichtigste und am vielseitigsten zu verwendende Wirtschaftsfrucht.

Noch heute gilt die 'Rote Triumphbeere' als eine der bedeutendsten Sorten im Erwerbsanbau, obwohl die Grünpflücke gegenüber dem Frischkonsum an Bedeutung verloren hat. Die hohen sicheren Erträge und die bemerkenswerte Fruchtqualität machen die Sorte unverzichtbar. Sie ist – abgesehen von ihrer Mehltauanfälligkeit – robust und vor allem auf feuchteren Böden sehr ertragreich. Sie gedeiht auch noch im Halbschatten und in rauen Lagen.

Sämling von Maurer

Deutschland um 1850; Syn.: Maurers Sämling

'Sämling von Maurer' ist eine alte deutsche Stachelbeersorte, die Mitte des 19. Jahrhunderts von dem bekannten Beerenobstzüchter und -kenner Heinrich Maurer in Jena gezüchtet wurde. Sie war vor allem in Deutschland eine Hauptsorte, wurde aber auch in Österreich und in der Schweiz sowie in zahlreichen nordeuropäischen Ländern verbreitet angebaut. In England konnte sie sich gegen die bereits vorhandenen ähnlichen Sorten, zum Beispiel 'Lancashire Lad', nicht durchsetzen.

'Sämling von Maurer' gehört zu einer Gruppe sehr ähnlicher Stachelbeersorten, die sich kaum voneinander unterscheiden lassen und wohl auch synonym gehandelt wurden. Allen gemeinsam sind die relativ grossen und lang gestielten, rundlichen, oft schiefen, an Stiel und Kelch meist abgeplatteten, drüsenborstigen Beeren. Die Schale ist ziemlich dünn, anfänglich hellrot marmoriert und von gelblich roten Adern durchzogen, später gleichmässig dunkelpurpurrot mit einzelnen schwarzroten Flecken. Die ziemlich grossen silbriggrauen Atmungsflecken ziehen sich als lockere Reihen über die süssen und angenehm gewürzten Beeren.

Die Sortengruppe unterscheidet sich am ehesten in ihrem Wuchs. 'Sämling von Maurer' bildet typischerweise einen lichtkronigen, ausladenden Strauch mit schlanken, abstehenden und an der Spitze meist stachellosen Langtrieben. Andere Vertreter wachsen eher dicht und aufrecht. Eine befriedigende Gliederung steht noch aus. Die Sortengruppe ist mehltauanfällig.

Thumper

England um 1840

'Thumper' ist eine glattschalige, elliptische, graugrüne Stachelbeere mit gelblichem Schein. Die Schale ist dünn und lässt die hellen Adern schön durchscheinen. Sonnwärts sind die Beeren meist rotbraun marmoriert. Die eher spät reifenden Beeren haben einen fein gewürzten, süssen und weinsäuerlichen Geschmack.

Die seit etwa 1840 bekannte Sorte fand ausserhalb von England keine allzu grosse Verbreitung und wurde vor allem in Hausgärten angepflanzt. Neben 'Thumper' gibt es zahlreiche weitere grünfrüchtige, unbehaarte Sorten. Im Laufe des 20. Jahrhunderts hat sich bei uns im Erwerbsanbau und im Hausgarten die besonders ertragreiche und vielseitig verwendbare Sorte 'Lady Delamere' durchgesetzt. 'Lady Delamere' kann auch noch in rauen Lagen mit Erfolg angebaut werden, sofern der Boden genügend feucht ist. Die lang gestielten, gleichmässig geformten Beeren lassen sich gut pflücken, halten sich aber nicht lange am Strauch und beginnen bald zu gären. Da die jungen Früchte nach der Blüte rasch grösser werden, eignet sich 'Lady Delamere' besonders für die Grünpflücke. Das Aroma der reifen Beeren ist nicht besonders ausgeprägt. Die Sorte ist wie viele dünnschalige, grünfrüchtige Stachelbeeren anfällig für Sonnenbrand und Mehltau.

Weisse Triumphbeere

England um 1800; Syn.: Whitesmith, Grüne Hansa u. a.

Keine andere hellfrüchtige Stachelbeere hat eine derart weite Verbreitung gefunden wie die bereits um 1800 zum Anbau empfohlene 'Weisse Triumphbeere'. Entsprechend zahlreich sind auch die Synonyme.

Trotz des Namens sind die Beeren nicht weiss oder weissgrün, sondern gelblich grün gefärbt. Charakteristische Fruchtmerkmale sind neben der Beerenfarbe die rundliche bis leicht elliptische Fruchtform sowie die dichte, flaumige, fast wollige Behaarung. Die dünne Schale ist von grünlich weissen, verzweigten Adern durchzogen und lässt die Samen schwach durchscheinen. Auf der Sonnenseite bilden sich häufig bräunlich rote Punkte oder Flecken.

Die 'Weisse Triumphbeere' leidet wenig unter Sonnenbrand und gehört sicher zu den wohlschmeckendsten Stachelbeersorten. Das saftige Fruchtfleisch ist fein aromatisch gewürzt und süss, mit angenehm milder Säure. Die Reife setzt mittelfrüh ein und ist etwas folgernd, die Beeren können aber lange am Strauch hängen bleiben und entwickeln dabei ein besonders intensives, duftendes Aroma. Trotz vielseitiger Verwertungsmöglichkeiten schmeckt die 'Weisse Triumphbeere' als vollreife Tafelfrucht am besten. Es ist nicht verwunderlich, dass die Sorte neben der 'Roten Triumphbeere' zur beliebtesten Stachelbeere avancierte.

Der Strauch wächst kräftig und aufrecht und ist wenig anspruchsvoll in Bezug auf Boden und Klima. Die 'Weisse Triumphbeere' kann deshalb auch in ungünstigen Lagen erfolgreich angebaut werden. Einzig Trockenheit erträgt sie schlecht. Die Ernte ist regelmässig und hoch. Im Vergleich zu anderen Sorten wird die 'Weise Triumphbeere' eher wenig von Mehltau befallen. Trotzdem ist eine vorbeugende und direkte Mehltaubekämpfung in der Regel unumgänglich.

Weisse Volltragende

England vor 1831; Syn.: Shannon

Die 'Weisse Volltragende' trägt ihren Namen zu Recht. In guten Jahren sitzen die runden bis kurz-elliptischen, weissen, grauweissen bis grünlich weissen Beeren in Massen geballt an den Sträuchern. Meist sind die Beeren ohne jeden gelblichen Anflug, dafür auf der Sonnenseite oft gefleckt und karminrot marmoriert. Die sehr dünne, unbehaarte Schale lässt die Samen durchscheinen. Geschmacklich gehört die 'Weisse Volltragende' zu den aromatischsten und süssesten Stachelbeersorten.

Die 'Weisse Volltragende' wurde erstmals 1831 in England erwähnt und hiess ursprünglich 'Shannon'. Bereits 1860 wurde sie vom Deutschen Pomologen-Verein für den allgemeinen Anbau in Hausgärten empfohlen und war bald eine weit verbreitete und geschätzte Tafelfrucht.

Typisch für die Sorte ist der kräftige, aber gedrungene Wuchs. Die Gerüsttriebe und die einjährigen Jahrestriebe stehen schräg aufrecht, die Seitentriebe oft sogar fast waagrecht, sodass der Strauch vor allem in die Breite wächst. Zusammen mit der charakteristisch hellrotbraun gefärbten Rinde mehrjähriger Zweige ist die Sorte auch im Winter erkennbar.

Die 'Weisse Volltragende' ist recht anspruchsvoll in Bezug auf Boden und Klima. Gute Erträge sind vor allem in geschützten Lagen und auf feuchten, gut gedüngten, humusreichen Böden zu erwarten. Dann ist sie aber eine sichere Massenertragssorte. Die 'Weisse Volltragende' ist ziemlich anfällig für Mehltau, aber wenig empfindlich für Sonnenbrand, Blattranddürre und Blattfallkrankheit.

Beerenstark

Die kleinen Beeren haben's in sich

Inhaltsstoffe und Gesundheit

Beerenobst besticht insgesamt durch seine hohe Konzentration an Vitaminen, Mineralstoffen und Rohfaserstoffen. In jüngster Zeit erkennt die Forschung zunehmend die Bedeutung der so genannten sekundären Pflanzeninhaltsstoffe wie zum Beispiel Farbstoffe, Gerbstoffe, Aminosäuren und Pektine. Auch diesbezüglich sind die kleinen Beeren grosse Meister. Vermutlich steht ein Grossteil der volksmedizinischen Wirkungen im Zusammenhang mit diesen sekundären Inhaltsstoffen.

Von den meisten Beeren reicht bereits ein paar Hand voll aus, um den empfohlenen Tagesbedarf an Vitamin C zu decken (60 Milligramm). In Kombination mit ihrem sehr geringen Kaloriengehalt sind Beeren das ideale Nahrungsmittel unserer Zeit: Sie halten fit und schlank.

Die Erdbeere

Zu Recht wird die Erdbeere mit Gesundheit und Lebenskraft in Verbindung gebracht, denn sie hat nicht nur einen hohen Gehalt an Mineralstoffen wie Natrium, Kalzium und Phosphat, sondern ist auch vitaminreich (Folsäure, Vitamin A, B, C, E) und enthält zahlreiche sekundäre Inhaltsstoffe, vor allem Polyphenole.

Die Phenolsäuren Ferulasäure und Ellagsäure sind ebenso wie Quercetin (ein Flavonoid, das die Bildung von Nitrosaminen im Magen hemmt) in der Erdbeere enthalten und als Mittel gegen Krebs bekannt. Phenolsäuren beugen zudem Arteriosklerose, Thrombosen, Infarkten und Infektionen vor. Wegen des hohen Folsäuregehalts sind Erdbeeren besonders Schwangeren zu empfehlen. Die kleinen gelben Kerne der Erdbeeren fungieren als wichtige Ballaststoffe und enthalten überdies ein fettes, hauptsächlich aus Leinölsäure bestehendes Öl.

Traditionell wurde die Erdbeere meist in Form von Erdbeersirup und Erdbeerwein gegen Blutarmut und Wassersucht eingesetzt oder zur Steigerung der Abwehrkräfte. Früher destillierte man ausserdem «Erdbeerwasser» aus Erdbeeren oder dem Rückstand der Erdbeersirupgewinnung. Dieses Wasser galt als Mittel gegen Leber-, Milz- und Nierenleiden, Herzschwäche und wurde zur Reinigung der Gesichtshaut verwendet. Die Volksmedizin verordnete Erdbeerkuren gegen Verstopfung, Vollblütigkeit, Gicht und andere Leiden.

Auch die Blätter und Wurzeln der Erdbeere spielen in der Heilkunde eine wichtige Rolle. Sie enthalten Katachene, die entzündungshemmend und antibakteriell wirken. Erdbeerblättertee galt wie Brombeerblättertee als eines der besten Teesurrogate, beson-

Erdbeeren – reich an Vitaminen

ders mit einem Zusatz von Zucker, Zimt und Vanille. Dieser Tee wird auch als leichtes Purgans (Abführmittel) und Diuretikum (harntreibendes Mittel) zur Blutreinigung bei Ausschlägen, Akne und Leberleiden, gegen Gicht und Nachtschweiss empfohlen. Die Blätter unbehandelter Pflanzen werden von Mai bis Juli gesammelt und getrocknet; ein Teelöffel davon wird mit kochendem Wasser übergossen.

Bei so viel Heilkraft wird verständlich, warum ein alter Spruch sagt: Ein Reiter solle, mag er noch so grosse Eile haben, für Erdbeeren sieben Mal vom Pferde steigen.

Die Himbeere

Die reifen, getrockneten Früchte werden in der Volksmedizin als fiebersenkendes und schweisstreibendes Mittel verwendet – ebenso Himbeersaft oder Himbeersirup (offizinelle Arznei als *Sirupus Rubi Idaei* in der Apotheke erhältlich). Man verwendete sie auch als Arznei gegen viele Krankheiten, zum Beispiel Abzehrung, Herzschwäche, Ohnmachten, Gallen- und Leberleiden. Daneben waren früher destilliertes Himbeerwasser *(Aqua Rubi Idaei)* und ein durch Auskristallisieren aus besonders behandeltem Himbeersaft gewonnenes Salz *(Sal essentiale Rubi Idaei)* in Gebrauch, ebenso Himbeeressig *(Acetum Rubi Idaei)*.

Neben den gängigen Mineralstoffen und Vitamin C enthalten Himbeeren Vitamin A, Rutin und viel Biotin, das unter anderem für Glanz und Fülle der Haare sorgt. Zusätzlich sind sie reich an wertvollen Flavonoiden (gelbe, rote und violette Farbstoffe) sowie Phenolsäuren (u. a. aromagebende Gerbstoffe) wie Ellagsäure. Diese Phenolverbindung hemmt die Entstehung von Krebs bis zu 300 Mal besser als andere Phenolsäuren. Vor allem Giftstoffe wie Nitrosamine, polychlorierte Kohlenwasserstoffe und Aflatoxin blockt die Ellagsäure wirkungsvoll ab. Sie besetzt freie Bindungsstellen der Erbsubstanz DNS, sodass Kanzerogene (Krebsauslöser) hier keine Angriffsstellen finden. Zugleich stimuliert sie die Bildung von Entgiftungsenzymen.

Junges Himbeerlaub wird von alters her als Tee gebraucht. So dienen Himbeerblätter unter anderem als Ingrediens für «Deutschen Tee» (einer Mischung aus Himbeer-, Brombeer- und Erdbeerlaub mit Zusätzen von Waldmeister, Pfefferminze, Schafgarbe, Lindenblüten und weiteren Kräutern), der früher sehr beliebt war. Überdies diente Himbeerblättertee als Heilmittel in der Volksmedizin. Er gilt allgemein als krampflösend, schweiss-, harn- und galletreibend, blut- und hautreinigend. Die Blätter enthalten Gerbstoffe, die eine leicht antibakterielle, zusammenziehende, blutstillende und gewebestärkende Wirkung haben sollen. Schulmedizinisch ist diese Wirkung jedoch nicht belegt.

Himbeerblättertee wurde gegen Durchfall und andere Erkrankungen des Magen-Darm-Trakts empfohlen und soll die Atemwege und das Herz-Kreislauf-System positiv beeinflussen. Auch zur Behandlung von Hämorrhoiden wird in der Volksmedizin Himbeerblättertee angewendet. Er soll überdies Schwangeren die Geburt und Wöchnerinnen das Kindbett erleichtern und bei Menstruationsstörungen helfen, da er die Muskulatur des kleinen Beckens auflockert und die Durchblutung anregt. Das ist auch der Grund, weshalb man von der Anwendung in der frühen und mittleren Schwangerschaft abrät, um nicht eine vorzeitige Eröffnung des Muttermundes zu provozieren. Die Einnahme von höchstens vier Tassen täglich frühestens vier bis fünf Wochen vor der Geburt wird empfohlen. Himbeerblättertee soll sich aber auch zur Behandlung der Mundschleimhäute eignen.

Die Blätter (natürlich nur von ungespritzten Pflanzen) werden jung, aber völlig entfaltet gesammelt und als Tee oder für Umschläge verwendet. Den Tee lässt man etwa 15 Minuten ziehen. Zur Hautreinigung kann eine Kompresse aus Himbeerblättern dienen: Zwei Hand voll frische Himbeerblätter werden dazu mit einem Viertelliter kochendem Wasser aufgegossen. Man lässt diesen etwa 15 Minuten ziehen und etwas auskühlen. Mit dem handwarmen Sud tränkt man ein Tuch, legt es aufs Gesicht und lässt es etwa 10 Minuten einwirken.

Eine Abkochung von Himbeerblättern mit Lauge wurde früher auch zum Schwarzfärben der Haare verwendet.

Die Brombeere

Die Heilkraft der Brombeere ist seit Urzeiten bekannt; bei den Arabern galten Brombeeren auch als Aphrodisiakum.

Die wirksamen Teile der Brombeere sind Blütenknospen, Blätter, junge Schösslinge, Wurzeln und Früchte. Die Früchte enthalten viel Vitamin A; ihr hoher Gehalt an Polyphenolen, darunter Ellagsäure, wirkt zudem entgiftend. Anthozyane sind für die dunkle Farbe der Brombeeren verantwortlich; diese sekundären Pflanzeninhaltsstoffe gehören zur Gruppe der Flavonoide und kommen in zehn Mal grösserer Menge im Fruchtfleisch als im Presssaft vor. Sie wirken entzündungshemmend und antioxidativ (so schützen sie das Vitamin C und andere Wirkstoffe vor Oxidation). Studienergebnisse weisen dar-

auf hin, dass Anthozyane möglicherweise auch das Erkrankungsrisiko an Krebs, grauem Star und Arteriosklerose verringern können.

Der Geist in der Flasche – Beeren haben heilende Wirkung

Aus jungen Blättern der weniger behaarten Arten wird ein Tee hergestellt, der eines der besten Teesurrogate darstellt und überdies blutreinigend wirkt. Man sammelt die jungen Blätter vor der Blütezeit von April bis Juni. Sie sollten in kleinen Bündeln im Dunkeln getrocknet werden. Brombeerblätter enthalten Gerbstoffe, die für die zusammenziehende und blutstillende Wirkung des Tees verantwortlich sind. Wegen des hohen Gerbstoffgehaltes können auch die ganzen Sprosse zum Gerben verwendet werden.

Die in Wein gekochten Wurzeln der Brombeere galten in der Antike als eines der besten adstringierenden Mittel, die man gegen alle Krankheiten und Entzündungen in Mund und Rachen, gegen «allerlei unmässiges Fliessen» (z. B. Durchfälle und Blutungen), gegen Menstruationsbeschwerden, Hämorrhoiden und vieles mehr einsetzte; mit Honig gekochte Wurzeln sollten Wassersucht kurieren. Gekaut halfen Brombeerblätter seit alten Zeiten gegen Zahnfleischbluten; gestampft kamen sie bei Geschwüren und Hautkrankheiten zur Anwendung.

Die Johannisbeere

Rote, weisse und besonders schwarze Johannisbeeren enthalten viel Vitamin C und E sowie mehrere Vitamine der B-Gruppe. Zusätzlich haben sie einen hohen Anteil an sekundären Pflanzeninhaltsstoffen.

Zunächst kam der Saft der roten Johannisbeere als fiebersenkendes und durstlöschendes Mittel in Gebrauch *(Sirupus ribium)*. Bald erkannte man auch die positive Wirkung der schwarzen Johannisbeere, deren gesundheitlicher Wert heute noch höher eingeschätzt wird als jener der roten und weissen Johannisbeere.

Die Beeren der schwarzen Johannisbeere enthalten besonders grosse Mengen an Vitamin C, Anthozyanen und andere Antioxidanzien und sind ausserdem verdauungsfördernd. Alle Erzeugnisse aus der schwarzen Johannisbeere *(Ribes nigrum)* wirken günstig auf das Nervensystem, stärken den Organismus und verbessern den Stoffwechsel und die Widerstandskraft gegen Infektionen. Die Beeren wurden morgens nüchtern gegen Rheumatismus und Gicht empfohlen; daher heissen die schwarzen Johannisbeeren auch Gichtbeeren. Der frische Saft der Beeren wirkt schweisstreibend, schleimlösend und belebend, er desinfiziert die Mundhöhle und lindert Halsentzündungen. Da er allgemein entgiftend wirkt, kann er auch Schlaflosigkeit beheben.

Die Samen von roten und schwarzen Johannisbeeren (ebenso wie die der Stachelbeeren) sind reich an Gammalinolsäure, einer dreifach ungesättigten Fettsäure. Sie ist hilfreich bei Beschwerden vor der Monatsblutung und Überaktivität. Gammalinolsäure wirkt auch gegen Ekzeme und Juckreiz bei Neurodermitis, Akne und Schuppenflechte und ist wichtig für das Abwehr- und Barrieresystem der Haut, für die Produktion von Hautfetten und die Fähigkeit der Haut, Feuchtigkeit zu binden.

Die Blätter der schwarzen Johannisbeere sind reich an Phenolsäure; man verwendete sie in Sibirien früher ähnlich wie grünen Tee. Als hervorragendes Teesurrogat wurden sie auch im Elsass gesammelt. Ein aus Blättern und Trieben hergestellter Tee gilt als blutreinigendes, harn- und schweisstreibendes, stärkendes Heilmittel gegen Entzündungen (wie Halsentzündungen), Erkältungskrankheiten und Gichtleiden (auch Johannisbeerschnaps und -likör galten übrigens als Mittel gegen Gicht). Man sammelt dazu frische, junge (pestizidfreie) und gesunde Blätter im Mai und Juni. Dieser Tee regt auch die Nierentätigkeit an, beugt Arterienverkalkung vor und wird gegen Blasenleiden, Koliken, Migräne, Husten und Keuchhusten eingesetzt sowie zur Behandlung von Wunden und Hautentzündungen.

Der Blütenknospenextrakt der schwarzen Johannisbeere wird zur Herstellung von Parfum verwendet.

Die Stachelbeere

Stachelbeeren gelten oft als saures Obst; auf ausgereifte Früchte trifft das aber nicht zu: Nach den Trauben ist die Stachelbeere das Beerenobst mit dem höchsten Zuckergehalt. Sie enthält auch eine beachtliche Menge Vitamin C.

Die übrigen Inhaltsstoffe der Früchte wirken reinigend auf den gesamten Organismus: Hohe Mengen an Ballaststoffen und Pektine säubern den Darm, Kalium hilft bei der Entwässerung, Silizium sorgt für stabile Gefässe und kräftigt das Bindegewebe, Haare und Nägel. Stachelbeeren sorgen für feste Knochen und Zähne und ausreichend Elektrolyte. Zink unterstützt in Zusammenarbeit mit Magnesium die Herz- und Muskeltätigkeit. Ebenso wie die Johannisbeere ist die Stachelbeere reich an Gammalinolsäure.

Verwertung und Rezepte

Beeren lassen sich hervorragend in frischer Form für verschiedenste Desserts, aber auch zu Hauptspeisen verwerten. Für (alkoholfreie oder alkoholhaltige) Bowlen eignen sich besonders gut Moschuserdbeeren, die 'Weisse Ananas' und andere Erdbeerspezialitäten.

Fast alle Formen von Dessertcremes und Obsttorten schmecken mit Beeren noch besser, Milchshakes mit Beeren sind eine fruchtig-gesunde Erfrischung im Sommer. Bei Milchshakes mit schwarzen Himbeeren ist allerdings Vorsicht geboten: Sie enthalten in ungekochtem Zustand ein Enzym, das die Milch dick werden lässt (ähnlich wie die Kiwi). Die Früchte müssen daher vorher erhitzt werden – oder man mixt sie gleich mit Joghurt oder Sauermilch.

Will man auch ausserhalb der jeweils relativ kurzen Beerensaison seine Lieblingsbeere geniessen, bieten sich zahlreiche Konservierungsformen von der traditionellen Marmelade bis zum modernen Tiefkühlen an.

Sirup und Säfte

Aus allen Beeren lassen sich hervorragende und gesundheitsfördernde Säfte erzeugen. Früher extrahierte man oft den Saft der Beeren durch Zugabe von Zucker bzw. heisse Zuckerlösungen. Dampfentsaften ist heute eine einfache und praktische Form zur Herstellung von Beerensäften: Man braucht nicht viel Zucker (100 Gramm pro Kilogramm Himbeeren genügen), da über die Hitze Haltbarkeit erreicht wird. Der Saft wird heiss in gereinigte und sterilisierte Flaschen gefüllt und gut verschlossen.

Neben Himbeersaft sind alle Arten von Johannisbeersaft besonders beliebt; aber auch Brombeer-, Stachelbeer- oder Erdbeersaft lassen sich auf dieselbe Art herstellen. Johannisbeeren sollten vor dem Entsaften von den Kämmen (Stielen) befreit werden. Gern wird dem Beerenobst auch etwas Gelierzucker beim Dampfentsaften beigemischt; dadurch wird der Saft etwas dickflüssiger, und die Haltbarkeit erhöht sich. Für Sirup verwendet man rund 1 Kilogramm Zucker auf 1 Liter Saft.

Marmelade, Konfitüre und Gelee

Das Konservieren mit Zucker in Form von Marmelade oder Konfitüre ist immer noch eine der beliebtesten Verwertungsformen von Beeren. Zu Recht, denn in einer gut gemachten Konfitüre bleibt mit relativ geringem Aufwand der volle Fruchtgeschmack bis zum kommenden Frühling erhalten. Voraussetzung ist natürlich eine hohe Qualität der Beeren – so gut wie die Beeren schmeckt auch das veredelte Produkt.

Beeren besitzen eine natürliche Gelierfähigkeit, abhängig von ihrem Pektin- und Säuregehalt. Dieser ist bei Johannisbeeren und Stachelbeeren besonders hoch (je unreifer, desto höher, daher werden Stachelbeeren und häufig auch Johannisbeeren für Marmelade vor der Vollreife gepflückt); aber auch Himbeeren und Brombeeren gelieren relativ gut. Bei Johannisbeeren und Brombeeren sowie schwarzen Himbeeren empfiehlt sich wegen der vielen Kerne die Herstellung von Gelees.

Erdbeeren wurden traditionell oft in Kombination mit besser gelierenden und säurehaltigeren Früchten eingekocht, zum Beispiel mit Johannisbeeren, Stachelbeeren, grünen Falläpfeln oder Rhabarber. Der so erhöhte Säuregehalt steigert überdies die Intensität und Haltbarkeit der Rotfärbung bei Erdbeermarmelade, die sonst häufig mit der Zeit ins Bräunliche wechselt. 'Bluterdbeeren' wie die Sorten 'Hansa' oder 'Wunder von Köthen' ergeben aufgrund ihrer starken Fruchtfleischfarbe besonders dauerhaft und stark rot gefärbte Konfitüre.

Grundsätzlich werden Früchte und Zucker etwa im Verhältnis 750 Gramm Zucker auf 1 Kilogramm Früchte eingekocht. Man kann aber auch je nach Geschmack etwas weniger Zucker verwenden. Um ohne Geliermittel Marmelade oder Konfitüre herzustellen, muss eine relativ lange Kochzeit eingehalten werden. Da eine kürzere Kochzeit den Vitamingehalt und das Aroma schonen, kann man auch zu Gelierhilfen wie Pektin oder Agar-Agar greifen. Dann genügen meist 3–4 Minuten Kochzeit. Mit Hilfe eines Schöpfers wird der beim Kochen entstehende Schaum entfernt – denn im Schaum ist Luft enthalten, die die Haltbarkeit der Konfitüre beeinträchtigen würde. Anstelle von normalem Zucker kann man auch Fruchtzucker verwenden.

Im Unterschied zur Konfitüre siebt man bei Beerengelee alle Fruchtbestandteile ab bzw. kocht nur den Fruchtsaft ein. Es gibt zwei Varianten, um den Fruchtsaft von

Fruchtfleisch zu trennen – Abseihen über Nacht oder Entsaften mit dem Dampfentsafter (die einfachere Methode). Für das Abseihen über Nacht benötigt man ein Seihtuch (z. B. ein Lein- oder Flanelltuch); es muss vor der Verwendung unbedingt angefeuchtet werden, sonst saugt es den ganzen Fruchtsaft auf. Das Tuch legt man in ein Sieb und stellt eine Schüssel darunter.

Vielerorts beliebt: Beerenkonfitüre

Das heisse Fruchtgemisch (z. B. 2 Kilogramm Früchte in 1 Liter kochendem Wasser) wird nun in das Tuch geleert und über Nacht stehen gelassen. Um ein klares Gelee zu erhalten, darf das Tuch am nächsten Tag nicht ausgepresst werden. Anschliessend wird der Saft eingekocht; dabei muss man den sich bildenden Schaum ständig abschöpfen. Massgeblich für die Zeit des Einkochens ist die Konsistenz des Saftes: Sobald er dick und breit in schweren Tropfen vom Löffel abläuft, wird der erkaltete Saft erstarren und Gelee bilden. Je rascher dies erreicht wird, desto hochwertiger und geschmackvoller wird das Gelee.

Es empfiehlt sich, für die Geleezubereitung möglichst grosse und flache Kochgefässe zu verwenden, damit viel Wasser über eine grosse Oberfläche in kurzer Zeit verdampfen kann. Am besten geeignet für Gelee sind aufgrund des natürlichen hohen Pektingehalts Johannisbeeren; die Zugabe von Gelierzucker (600 Gramm Gelierzucker pro Liter Saft) ist aber wegen der verringerten Kochzeit (meist etwa 15 Minuten) trotzdem zu empfehlen.

Beerenkompott und Beeren in Zucker

Die Haltbarkeit von Kompott wird durch hohe Temperaturen und Luftabschluss erreicht. Voraussetzung für das Gelingen sind einwandfreie Gläser, beste Qualität der Früchte sowie Sauberkeit und Sorgfalt bei der Zubereitung. Es eignen sich dazu Einmachgläser, aber auch Gläser mit Schraubverschluss und gut schliessendem Deckel.

Prinzipiell werden die Beeren zunächst verlesen, gewaschen und entstielt; dann bereitet man die Gläser vor (samt Deckel reinigen und auskochen). Anschliessend werden die Beeren roh eingefüllt (Gläser etwa zu drei Vierteln füllen) und mit kochender Zuckerlösung (300–450 Gramm Zucker pro Liter Wasser) übergossen. Alternativ dazu kann man die Beeren in die kochende Zuckerlösung schütten, kurz ziehen lassen – aber nicht aufkochen – und anschliessend in die Gläser füllen. Dann werden die Gläser verschlossen und im Einkochtopf, Backofen, Schnellkochtopf oder Mikrowellengerät sterilisiert (z. B. Backofen: Backblech mit etwas Wasser füllen; Gläser stehen rund 2 Zentimeter unter Wasser, ohne einander zu berühren, etwa 15 Minuten bei 170 °C).

Himbeeren und Erdbeeren ergeben ein geschmacklich ausgezeichnetes Kompott; doch leider zerfallen die Früchte beim Aufkochen oder Sterilisieren leicht und verfärben sich. Die einzigen Erdbeeren, die sich dafür eignen, sind die stark rot gefärbten 'Bluterdbeeren'; die anderen Sorten verlieren nach kurzer Zeit ihre Farbe und werden unansehnlich. Sehr gut eignen sich auch Johannisbeeren und Stachelbeeren für diese Verwertungsart, aber auch sie verändern ihre Farbe je nach Sorte unterschiedlich stark.

Früher legte man Obst in Zucker ein und verwendete dazu grössere Mengen Zucker (meist im Verhältnis 1:1 Zucker und Frucht), den man vorher läuterte (also mit wenig Wasser einkochte und abschäumte). Die rohen Früchte wurden mit der Zuckerlösung übergossen, nach einigem Ziehen aufgekocht und in Gläser gefüllt. Statt mit Zucker können die Früchte auch mit Honig eingemacht werden; traditionell wurden so Stachelbeeren der Grünpflücke (also im ganz grünen, unreifen Stadium) zubereitet.

Beerenweine

In Grossbritannien haben Stachelbeer- und Johannisbeerweine eine lange Tradition. Anfang des 20. Jahrhunderts erlebten Beerenweine auch bei uns eine kurze Hochblüte. Vom Erdbeerwein über den Johannisbeer- und Stachelbeerwein bis zum Brombeer- und Himbeerwein wurde alles hergestellt. Am wichtigsten war aber bei weitem die Johannisbeerweinproduktion. Johannisbeerweine und Erdbeerweine sind heute noch in spezialisierten Läden erhältlich.

Das Problem bei der Herstellung von Beerenwein im Unterschied zum Traubenwein liegt im sehr hohen Säuregehalt und sehr niedrigen bis gar nicht vorhandenen Gerbstoffgehalt von Beerensäften. Daher müssen Beerensäfte für die Weinzubereitung zunächst mit Wasser verdünnt und anschliessend entsprechend aufgezuckert werden, bevor man sie der Gärung zuführt. Durch geeignete Vorkehrungen sollten Fehlgärungen vermieden werden.

Für Winzer und jene, die bereits Erfahrung mit der Herstellung von Weinen haben und über geeignetes Gerät verfügen, kann das Experimentieren mit Beerenweinen jedoch nicht nur spannend sein, es kann auch ein besonders exklusives Produkt ergeben. Schaumweine aus Stachelbeeren und Johannisbeeren sind ebenfalls eine Spezialität.

Erlesener Beeren-Likör aus dem Aargau (Schweiz)

Beerenessig

Die Zubereitung von Beerenessig ist einfach und in unserer gesundheitsbewussten Zeit eine originelle und sehr wohlschmeckende Zutat für allerlei Salate. Man kann mit Erdbeeren, Himbeeren, Brombeeren Stachelbeeren und Johannisbeeren experimentieren.

Am einfachsten füllt man die Früchte in eine saubere klare Flasche, leert den Essig darauf (Verhältnis Beeren und Essig etwa 1:1), verschliesst die Flasche und stellt sie für etwa 3 Wochen auf eine sonnige Fensterbank, wobei man die Flasche täglich einmal schüttelt. Anschliessend seiht man den Essig durch ein sauberes Tuch ab und füllt ihn in eine saubere Flasche. Der fertige Essig sollte kühl und dunkel gelagert werden.

Beerenliköre

Die Zubereitung von Likören wurde im 13. Jahrhundert in Italien erfunden; man stellte sie mit Hilfe von Honig und Alkohol her und verwendete sie ursprünglich hauptsächlich als Medikament.

Als im 18. Jahrhundert die ersten Zuckerfabriken entstanden und Zucker langsam zum allgemeinen Gebrauchsgut wurde, wurde das Selbermachen von Likören zu Hause aktuell; lange Zeit gehörte die Likörzubereitung zum Handwerkszeug einer guten Hausfrau. Mittlerweile sind die industriell hergestellten Liköre kaum mehr zu übertreffen. Dennoch hat die eigene Likörzubereitung in jüngster Zeit wieder Freunde gefunden. Ein selbst gemachter Beerenlikör ist nicht nur ein natürliches und gesundes Genussmittel für den eigenen Haushalt, er ist auch ein aussergewöhnliches Geschenk für Freunde.

Für die Herstellung von eigenem Likör kauft man entweder einen 38- bis 50-prozentigen Obstbrand oder einen 96-prozentigen Weingeist in der Drogerie. Weingeist ist der neutralste und hochprozentigste Alkohol, muss aber vor dem Gebrauch auf den erforderlichen Alkoholgehalt mit einwandfreiem und nicht zu hartem Wasser verdünnt werden.

Nun setzt man Früchte, Zucker und Alkohol (auf 38–50 % verdünnt) im Verhältnis 2:(1–2):4 in einer Flasche an (z. B. 500 Gramm Früchte, 250–500 Gramm Zucker, 1 Liter Alkohol) – zuerst Früchte und Zucker, dann Alkohol darüber giessen und dicht verschliessen. Wer besonders hochwertige Beerenliköre erhalten möchte, mischt Beeren und Alkohol im Verhältnis 1:1 und reduziert den Zucker zusätzlich. Anschliessend zieht alles 4–6 Wochen an einem nicht zu kalten Ort; von Zeit zu Zeit kann man die Flasche leicht rütteln oder drehen. Dann werden die Beeren abgefiltert und der Likör in Flaschen gefüllt. Jeder Likör sollte nach der Herstellung noch einige Monate kühl und dunkel (z. B. im Keller) reifen.

Einlegen in Alkohol

Das Einlegen von Obst in Alkohol hat schon lange Tradition. Der Alkohol hemmt das Wachstum der Mikroorganismen oder tötet sie ganz ab. Neben dem bekannten Rumtopf, für den sich alle Arten von Beeren eignen, empfiehlt sich auch das Einlegen in Schnaps bzw. Obstbrand.

Beeren können natur oder gewürzt eingelegt werden. Hochprozentiger Alkohol, Zucker und Beeren (und nach Belieben Gewürze) werden dazu etwa im Verhältnis 1:1:1 in einem Gefäss vermischt und etwa 6 Wochen kühl stehen gelassen. Anschliessend können die Früchte abgefiltert und in geschlossenen Gläsern aufbewahrt werden.

Trocknen, Dörren

Das Trocknen von Früchten gehört zu den ältesten und ursprünglichsten Konservierungsmethoden. Vor allem in den USA war das Dörren von Beeren, insbesondere von Himbeeren, eine weit verbreitete und beliebte Konservierungsform, bis Ende des 19. Jahrhunderts die Dose als Konserve dem Dörrobst den Rang ablief. Bei uns waren vor allem getrocknete Himbeeren als schweisstreibendes Mittel gegen Fieber in Gebrauch.

Konfitüren aus exklusiver Herkunft

Beim Trocknungsvorgang wird den Früchten Wasser entzogen, der Wassergehalt sinkt von 80–90 % bis auf rund 20–30 %, sodass die Vermehrung von fäulnis- oder schimmelbildenden Mikroorganismen gehemmt wird und die Trockenfrüchte lange haltbar bleiben. Die enthaltenen Nährstoffe liegen im Trockenobst in stark konzentrierter Form vor. Erdbeeren und Himbeeren sowie Stachelbeeren eignen sich besonders gut zum Trocknen und können zum Beispiel den Winter über fürs Müsli verwendet werden.

Beim Dörren ist die rasche Verarbeitung nach der Ernte für Aroma- und Farberhaltung wichtig. Die Früchte müssen völlig ausgereift, dürfen aber nicht überreif sein. Für das Dörren von Beeren empfehlen sich eine spezielle Trocknungsanlage (in vielen Gemeinden öffentlich zugänglich) oder elektrische Dörrgeräte. Damit der Gehalt an hitzeempfindlichen Inhaltsstoffen wie zum Beispiel Vitamin C möglichst hoch bleibt, werden die Früchte schonend bei niedrigen Temperaturen getrocknet (max. 45 °C Dörrtemperatur). Je nach Wassergehalt und Gerät der Beeren ist mit 6–15 Stunden Trocknungszeit zu rechnen. Im Backofen muss die Ofentüre immer einen Spalt offen bleiben, damit die feuchte Luft entweichen kann.

Die gedörrten Beeren können zum Beispiel in verschliessbaren Schraubgläsern und gegen Vorratsschädlinge geschützt aufbewahrt werden (getrocknete Erdbeeren sind bei Motten sehr beliebt). In den ersten Tagen ist es ratsam, zu kontrollieren, ob sich Kondenswasser in den Aufbewahrungsbehältern gebildet hat. Gegebenenfalls muss nochmals getrocknet werden. Da Luft und Licht Farbe und Aroma verändern, sollten die gedörrten Beeren möglichst dunkel gelagert werden.

Beerenfrüchte können vor dem Dörren kurz in heisses Zuckerwasser getaucht werden. Das erhöht die Haltbarkeit (z. B. wenn die Früchte noch etwas Restfeuchte enthalten) und schmeckt, sofern man es gern süss hat, auch ganz gut.

Tiefkühlen

Die einfachste moderne Konservierungsform ist das Tiefkühlen, doch nicht alle Beeren eignen sich dafür gleich gut. Brombeeren verlieren nach dem Auftauen gern die Farbe, Erdbeeren werden matschig in der Konsistenz und oft etwas bitter. Besonders gut einfrieren lassen sich Himbeeren, Johannisbeeren und Stachelbeeren.

Am einfachsten legt man sie frisch gepflückt und verlesen einzeln auf ein Blech, sodass sie einander nicht oder kaum berühren, und stellt sie so in die Tiefkühltruhe, bis sie durchgefroren sind. Dann können sie in einen Tiefkühlbeutel gefüllt werden.

Der Vorteil dieser Methode liegt darin, dass die einzelnen Beeren nicht aneinander kleben und in beliebiger Menge wieder entnommen werden können. Wenn die Beeren im Kühlschrank aufgetaut werden, behalten viele Sorten ihre ursprüngliche Form fast vollkommen.

Literatur

Albrecher, Anton: Die Sorten der Schwarzen Johannisbeere im Hinblick auf eine sinnvolle Mechanisierung der Ernte, Diplomarbeit, Wien: Universität für Bodenkultur 1976

Barney, Denny L., und Kim E. Huemmer: Currants, Gooseberries and Jostaberries. A Guide for Growers, Marketers and Researchers in North America, New York 2005

Brennan, R. M.: «Currants and Gooseberries», in: J. Janick und J. N. Moore (Hg.): Fruit Breeding, Bd. II: Vine and Small Fruit Crops, New York 1996, S. 191–295

Bundessortenamt: Beschreibende Sortenliste Beerenobst. Erdbeere, Himbeere, Stachelbeere, Hannover 1995

Bundessortenamt: Beschreibende Sortenliste Strauchbeerenobst, Hannover 2002

Card, Fred W.: Bush-Fruits, New York 1911

Consiglio nazionale delle ricerche: La coltura del ribes nero, Florenz: 1962

Darrow George M.: The Strawberry. History, Breeding and Physiology, 1966

Dochnahl, Friedr. Jak.: Systematische Beschreibung aller Schalen- und Beerenobstsorten, Nürnberg 1860

Duperrex, Henri: La culture des petits fruits, Paris 1977

Fischer, Manfred: Farbatlas Obstsorten, Stuttgart 1995

Fox, Leo, Torkild Hinrichsen, John Langley und Werner Schröder: Die Erdbeere. Verführung in Rot, Husum 2001

Friedrich, G.: Der Obstbau, Halle 1961

Fuller, Andrew S.: The small fruit culturist, New York 1867

Geibel, Martin: Genetic Resources in Strawberries in Europe, Proc. 4th Int. Strawberry Symp. Acta Horticulturae 2002, Seite 73ff.

Gloede, Ferdinand: Culture spéciale de fraisiers. Catalogue déscriptif de nouvelles variétés et autres, Paris 1868f.

Goeschke, Franz: Das Buch der Erdbeeren, Berlin 1874

Goeschke, Franz: Das Buch der Erdbeeren. Berlin 1888

Götz, G., und R. Silbereisen: Obstsorten-Atlas, Stuttgart 1989

Hancock, J. F.: Strawberries, New York 1999

Hedrick, U. P.: Cyclopedia of hardy fruits, New York 1922

Hedrick, U.P.: Systematic pomology, New York 1925

Hertel, Fritz: Die Schwarze Johannisbeere, Minden o.J. (Lehrmeister-Bücherei Nr. 234)

Holmes, Roger: Taylor's Guide to Fruits and Berries, Boston/New York 1996

Institut national de vulgarisation pour les fruits, légumes et champignons (INVUFLEC): Le Framboisier, Paris 1976

Jäger, H.: Der Gemüsegärtner, Hannover 1871

Jennings, D. L.: Raspberries and Blackberries. Their Breeding, Diseases and Growth, London 1988

Keipert, Konrad: Beerenobst, Stuttgart 1981

Kobel, Fritz, und Hans Spreng: Neuzeitliche Obstbautechnik und Tafelobstverwertung, Bern 1949

Kuert, Peter: Beerenobstbau im Hausgarten und im Erwerbsanbau, Münsingen/Bern 1987

Kuert, Peter: Züchtungen der Eidg. Forschungsanstalt für Obst-, Wein- und Gartenbau in Wädenswil; Beerenobst: Erdbeeren, Himbeeren, Johannisbeeren. Heliographie, Wädenswil 1971

Kunz, Johann Isidor: Der erfolgreiche Pflanzer, Olten 1942

Lauche, W.: Handbuch des Obstbaues, Berlin 1882

Leemans, J., und E. T. Nannenga: Raspberry Varieties, Wageningen 1957

Löbner, Max: Die Beerenobstzucht, Aarau 1915

Löbner, Max: Die Beerenobstzucht, Aarau 1934

Lucas, Ed., und Johann Oberdieck: Illustriertes Handbuch der Obstkunde, Stuttgart 1875

Lucas, Ed.: Handbuch der Obstkultur, Stuttgart 1921

Macherauch, E.: Illustriertes Handbuch der Beerenobstkultur, Frankfurt/Oder 1911

Macherauch, Oswald: Beerenobstkulturen, die Gewinn bringen, Frankfurt/Oder 1929

Maurer, Heinrich: Das Beerenobst, seine Kultur, Fortpflanzung und Benutzung, Stuttgart 1883

Maurer, Louis: Die Beerensträucher, Berlin1900

Maurer, Louis: Maurer's Stachelbeerbuch über die besten und verbreitetsten Stachelbeersorten, Stuttgart 1913

Michelet, C.: Petits Fruits de chez nous, Sion 1950

Ministry of Agriculture and Fisheries: Fruit production: Soft Fruits, London 1934

Moissl, Franz, Emil Plankh und F. Zweigelt: Beerenobst? Beerenobst!, Wien 1935

Möschke, Paul: Die Erdbeere. Ihre Einteilung, Beschreibung und Kultur im Freien und unter Glas (Treiberei), Berlin 1905

Mühl, Franz: Beerenobst und Wildfrüchte, München 1996

Müller, Leopold: Beiträge zur Förderung der Obstkultur und Obstkunde in Deutschland, Stuttgart 1864

Müllers, Lambert: Beerenobst, Nordhausen am Harz 1936

Nach der Arbeit, Illustrierte Wochenzeitschrift für Garten, Siedlung und Kleintierhaltung inklusive lose Sortenblätter, hg. von Anton Eipeldauer, Wien 1935

Naumann, Wolf-Dietrich, und Dankwart Seipp: Erdbeeren, Stuttgart 1989

Neuweiler, R., K. Röthlisberger, P. Rusterholz und R. Terretaz: Beeren und besondere Obstarten, Zollikofen 2000

Otto, Stella: The Back Yard Berry Book, Maple City (Michigan) 1995

Peters, E.: Die Cultur des Beeren-Obstes nebst Angabe der empfehlenswerthesten Sorten, hg. von O. Pfeiffer, Wien 1884

Planckh, Emil, und Josef Falch: Beerenobst im Klein- und Erwerbsgarten, Wien 1948

Preissecker, J.: «Zur Geschichte der Kritzendorfer Johannisbeere», in: Landes-Obstbauverein für Niederösterreich. 1880–1930, Wien 1930, Seite 83

ProSpecieRara: NAP 02-40: Nationales Beereninventar (Schlussbericht). Heliographie, Aarau 2004

Publication de la commission pomologique romande: Arbres et arbustes à petits fruits, Neuchâtel 1945

Pucci, A.: Frutta minori, Mailand 1895

Risser, Georgette: Déscription de quelques variétés de fraisiers, Paris 1963

Roe, Edward P.: Succes with small fruits, New York 1881

Sattler, Hermann: Beerenobst im Garten, Stuttgart 1968

Schaal, Gustav: Obstsorten, Bd. 2: Stein-, Beeren- und Schalenobst, Leipzig 1999 (Reprint)

Schütz, Fritz: Der Beerenobstbau, Aarau 1949

Schütz, Fritz: Der Beerenobstbau, Aarau 1976

Simon-Louis Frères: Guide pratique de l'amateur de fruits, Metz 1895

Société nationale d'horticulture de France: Les meilleurs fruits au début du XXe siècle, Paris 1928

Société pomologique de France: Catalogue déscriptif des fruits adoptés par le congrès pomologique, Villefranche 1927

Sorge, Peter: Beerenobstsorten, Leipzig 1984

Stoll, R.: Österreichisch-Ungarische Pomologie. Abbildung und Beschreibung von in Österreich-Ungarn verbreiteten oder der Verbreitung werthen Früchten, Klosterneuburg 1888

Stückrath, Peter: Erdbeeranbau, Stuttgart 1972

The Royal Horticultural Society: Fruit – present and future, London 1966

Thiele, K. P., und A. Knauth: Die Erdbeere, Hannover 1952

Vercier, J.: La détermination rapide des variétés de fruits, Paris 1934

Wilhelm, Stephen, und James E. Sagen: A history of the strawberry, Berkeley: University of California 1974

Woessner-Bay, Dietrich: Neuzeitliche Beerenobstpflege für den Selbstversorger und Erwerb, Münsingen/Bern 1950

Bezugsquellen

*spezialisiert auf alte Sorten;
übrige Anbieter mit vorwiegend
konventionellem Angebot.

Schweiz

Sortenfinder ProSpecieRara*
Pfrundweg 14
CH-5000 Aarau
Tel. +41 (0)62 832 08 20
info@psrara.org
www.ProSpecieRara.ch

Biolandbau
Beat + Sarah Reller
Schossenriet 20
CH-9442 Berneck
Tel. +41 (0)71 744 43 09
beat.reller@bluewin.ch

Häberli Obst- und Beerenzentrum AG
CH-9315 Neukirch-Egnach
Tel. +41 (0)71 474 70 70
info@haeberli-beeren.ch
www.haeberli-beeren.ch

Hauenstein AG
Baumschulen
Landstrasse 42
CH-8197 Rafz
Tel. +41 01 879 11 22
info@hauenstein-rafz.ch
www.hauenstein-rafz.ch

Lubera AG
Lagerstrasse
CH-9470 Buchs
Tel. 081 756 30 33
www.lubera.ch
info@lubera.ch

Baumschulen AG Flora
Bahnhofstrasse 110
CH-8215 Hallau
Tel. +41 (0)52 681 34 28
Fax +41 (0)52 681 11 86

Wyss Samen und Pflanzen AG
Postfach
Schachenweg 14
CH-4528 Zuchwil
Tel. +41 (0)32 675 22 22
www.samen.ch

Coop Bau + Hobby-Filialen
Erdbeersetzlinge (grossfrüchtige Erdbeeren und Monatserdbeeren). Wenige alte Sorten, produziert von Beat Reller (s. oben).

Deutschland

Ahornblatt*
Postfach 1125
D-55001 Mainz
Tel. +49 (0)6131 723 54
Nachricht@Ahornblatt-Garten.de
www.ahornblatt-garten.de

Dreschflegel GbR
Postfach 1213
D-37202 Witzenhausen
Tel +49 (0)5542-502744
Fax +49 (0)5542-502758
www.dreschflegel-saatgut.de

Österreich

Arche Noah*
Obere Strasse 40
A-3553 Schiltern
+43 (0)2734 86 26
info@arche-noah.at
www.arche-noah.at

Bio-Baumschule Petra Hergesell
A-3730 Grafenberg 56
Tel. +43 (0)2984 34 55
baumschule.hergesell@aon.at

Bio-Baumschule Artner
Reichenau
A-3972 Bad Groß Pertholz
Tel. +43 (0)2857 29 70
artner@biobaumschule.at
www.artner.biobaumschule.at

Bio-Baumschule Raninger
Hofstetten 6
A-4724 Eschenau im Hausruckviertel
Tel. +43 (0)7278 30 97
Fax +43 (0)7278 30 27
flora@utanet.at

Anton Hemmelmeyer
Breitensee 94
A-2294 Marchegg
Tel. +43 (0)2285 61 08
baumschule.hemmelmeyer@aon.at

Praskac Pflanzenland GmbH
Praskacstrasse 101
A-3430 Tulln
Tel. +43 (0)2272 63816
office@praskac.at
www.praskac.at

Baumschule Grinschgl
Stainzerstrasse 8
A-8523 Frauental
Tel. +43 (0)3462 20 25-0
service@baumschule-grinschgl.at
www.baumschule-grinschgl.at

Index

(Sortenportraits bei grünen Seitenzahlen)

Achilles .130
Alexandria .31
Allerfrüheste Gelbe .131
Alpenjohannisbeere .98
Amazone .33
Ambition .68
Amerikanische Gebirgsstachelbeere .134
Ananas .20
Ananaserdbeere .20
Andenken an Paul Camenzind .63
Angler .133
Arkansas-Brombeeren .80
Armenische Brombeere .79, 83
Asker .67
Aström .114
Auchincruive Climax .42
Aughinbough .87
Autumn Bliss .69
Baldwin .113
Baldwin Hilltop .113
Behaartstengelige Stachelbeere .126
Belle Bordelaise .33
Belle de Châtelaine .40
Belle de Fontenay .71
Belrubi .34
Black Naples .116
Bluterdbeere .47, 148
Boskoop .115
Boskoop Giant .115, 116, 117
Boskoop Riesen .115
Bristol .74
Brödtorp .114
brombeerartige Himbeeren .56
Brösling .14
Büdericher Volltragende .37
Calypso .26
Capiton .14
Capron hermaphrodite .33
Capron Royal .20, 33
Captivator .130
Cassis de Naples .116
Champagner .110
Chileerdbeere .10
Chilierdbeere .18, 19, 24, 25, 49
Crandall .99
Crownprince .136
Cumberland .73
Cuthbert .64
Daniels September .113
Deutsch Evern .34, 43
Deutsche Grüne .131
Deutschland .65
Direktor Paul Wallbaum .35
Doolittle .56
Downing .123
Dr. Morère .35
Dulcita .23
Early Green .131
Early Green Hairy .126, 131
Early Sulphur .131
Ehlers Fruchtbare .37
Elsanta .26
Erdbeerhimbeere .58
Erstling aus Vierlanden .102
Fallgold .69
Falstoff .67
Faltblättrige Brombeere .82
Farnblättrige Brombeere .82, 85
Fay's New Prolific . 102
Fays Fruchtbare .102, 105
Felsjohannisbeere . . .94, 99, 102, 107, 108
Fleischfarbene Champagner .110
Florika .50
Fraga altera .14
Fragaria chiloënsis .10, 18, 24, 25, 49
Fragaria maiora alba .14
Fragaria moschata .14, 24, 25, 32
Fragaria vesca .10, 12, 13, 24, 25, 31
Fragaria virginiana .16, 24, 25, 48
Fragaria viridis .13, 15, 24, 25
Fragaria x *ananassa* .10, 20, 24, 25, 33
Fragaria x *hagenbachiana* .13
Fragaria x *vescana* .21, 24, 25, 50
Fraise majaufe de Provence .13
Fraisier de Bargemont .13
Framita .68
French Black .95
Freudemacher .31
Frühe Rauhe Gelbe .131
Früheste Gelbe .126, 131
Gaillon Blanc .14
Gaillon Rouge .14
Gartenerdbeere .10, 19, 20, 33
Gelbe Antwerpener .63
Gelbe Honigbeere .131
Gelbe Kaiserliche .111
Generalfeldmarschall von Hindenburg .39
Georg Soltwedel .35
Geschlitztblättrige Brombeere . .79, 82, 85
Gesolei Riesen .39
Gold-Johannisbeere .99, 128
Golden Drop .132
Golden Lemon .132
Golden Queen .64
Goldkönigin .64
Goliath .114
Göpperts Kirschjohannisbeere .108
Gorella .26, 36
Grazer Brombeere .82
Green Gage .131
Green Gascoigne .131
Green Willow .132
Green Strawberry .15
Grüne Flaschenbeere .122, 132
Grüne Hansa .139
Grüne Riesenbeere .124, 133
Haarbeer .14
Hagebutten-Stachelbeere .126, 134
Hansa .36, 148
Hautbois-Erdbeeren .14
Hedda .115
Heinemanns Rote Spätlese .103
Herbsthimbeere .59, 60, 69
Herbstzauber .103
Heros .103, 109
Himalaya .89
Himbeerwurzelkrankheit .62
Hindenburgerdbeere .39
Hochrote Frühe .107
Hohe Preussen .65
Honeoye .23
Hönings' Früheste .132
Houghton .123, 134
Houghton Castle .104
Hügelerdbeere .13, 15, 24, 25
Immertragende von Feldbrunnen .71
Impérial Blanc .111
Impérial Jaune .111
Invicta .126
Irmgard Nürnberger .39
Japanische Weinbeere .58, 74
Jochelbeere .118
Jocheline .118
Jochina .118
Jogranda .118
Jolly Angler .133
Jonkheer van Tets .105
Josta .118
Jostabeere .118
Jostine .118
Jubilae .24, 36
Jucunda .37

June Yellow Disorder 40, 42
Kaiserliche Perlbeere 111
Kaisers Sämling 37
Kanadische Stachelbeere 126
Kap-Himbeeren 73
Keepsake 135
Kesselrings Erfolg 39
Kirschjohannisbeere 94, 99, 102, 105, 109
Kittatinny 79, 86
Knackelbeere 14, 15
Knickbeere 14
Königliche Moschuserdbeere 33
Kritzendorfer Ribisel 105
Lachshimbeere 58
Lady Delamere 138
Lambada 23
Lancashire Lad 138
Langtraubige Schwarze 116, 117
Langtraubige Schwarze Typ Falch 115, 116
Latham 64
Lawton-Brombeere 79, 86
Laxton's Juwel 39
Laxton's Noble 38
Laxton's Perfection 103
Lloyd George 54, 59, 63, 70
Loganbeere 87
Louis Gauthier 38
Lucida perfecta 49
Macherauchs Frühernte 43
Macherauchs Resistenta 136
Macherauchs Rote Spätlese 103
Macherauchs Späte Riesentraube 103
Madame Kooi 39
Madame Moutôt 26, 39
Maiherzog 135
Maikönigin 48
Malling Exploit 65
Malling Promise 6 5
Mammoth 88
Marlboro 54
Mauks Frühe Rote 126, 135
Maurers Sämling 138
May Duke 135
May Queen 48
Merveille Blanche 71
Merveille des Quatres Saison Jaunes ..71
Merveille des Quatres Saisons Rouges .70
Merveille Rouge 70
Mieze Schindler 35, 40
Monatserdbeere 14, 20, 24, 25, 31, 32
Moschuserdbeere 14, 20, 24, 32, 33
Mountain 134
Mountain Seedling 134
Mucurines 126
Multiraspa 66
Neue Rote Holländische 104
Noir de Bourgogne 95
Nordische Johannisbeere 99
Oberschlesien 41
Ohio Everbearing 56
Oregon Evergreeen 85
Oregon-Stachelbeere 126, 136
Osmala 114
Ostara 41
Osterfee 42
Pamela Mitschurina 114
Panther 42
Paradeiser 39
Perpétuelle de Billard 71
Phytophtora fragariae 42
Plougastel 19
Poorman 126, 136
Pressling 15
Preussen 63, 65
Primocane-Brombeeren 80
Prinz Albert 108
Profumata di Tortona 20, 25, 32
Purpurhimbeere 75
Raby Castle 104
Rapella 26
Red Chili 18
Red Gauntlet 42
Red Lake 106
Regina 43
Reine de mai 48
Reine des Vallées 31
Remarka 126
Resistenta 136
Ribes alpinum 98
Ribes aureum 128
Ribes aureum var. villosum 99
Ribes cynosbati 126, 134
Ribes dikuscha 98
Ribes divaricatum 118, 126, 136
Ribes grossularia 118
Ribes hirtellum 126, 130
Ribes lacustre 98
Ribes montigenum 98
Ribes multiflorum 99, 103, 107
Ribes nigrum 94, 98, 114, 118
Ribes odoratum 99
Ribes oxyacanthoides 126, 130, 134
Ribes petraeum 94, 99, 102, 107, 111
Ribes rubrum 94, 98, 99
Ribes sativum 99
Ribes spicatum 99
Ribes succirubrum 118
Ribes ussuriensis 98, 117
Ribes uva-crispa 118, 125
Ribes x *nidigrolaria* 98, 118
Ribisel 92, 96
Rixanta 126
Rokula 126
Romy 71
Rondom 107
Rosa Holländische 110
Rosa Kärnten 109
Rosa Sport 110
Rosenthal Langtraubige 115
Rote Baron Solemacher 31
Rote Gondouin 107
Rote Holländische 94, 108, 111
rote Johannisbeere 93, 99
Rote Merveille 70
Rote Orleans 136
Rote Triumphbeere 124, 137
Rote Versailler 105, 109
Rote Vierländer 102
Rote Wurzelfäule 42
Roter See 106
Rotkäpple vom Schwabenland 40
Royal Hautbois 33
Royal Sovereign 38, 44
Rubus allegheniensis 82
Rubus armeniacus 82
Rubus bifrons 82
Rubus canadensis 82
Rubus fruticosus agg. 81
Rubus graecensis 82
Rubus idaeus 52, 54, 57
Rubus illecebrosus 58
Rubus laciniatus 82
Rubus mollis 82
Rubus nemoralis 85
Rubus occidentalis 55, 58, 59
Rubus phoenicolasius 58, 74
Rubus plicatus 82
Rubus spectabilis 58
Rubus strigosus 55, 57
Rubus vitifolius 82
Rubus winteri 82
Rubus x *loganobaccus* 87
Rügen 31
Rügen selecta 31
Ruhm von Döbeltitz 31

Sämling von Maurer 138
Scarlet 17
Scharlacherdbeere ..16, 19, 24, 25, 45, 48
Schöne Meissnerin 32
Schönemann 66
Schröters späte Riesen 39
Schwarze Ananas 36
Schwarze aus Neapel 116
schwarze Himbeere 55, 56, 59, 60, 73
schwarze Johannisbeere ...94, 97, 98, 99
Schwarze König Albert 36
Schwarze Langtraubige 115
Schwarze Neapolitanische 116
Schwarze Traube 116
Seascape 26
Sehr Frühe Hochrote 107
Senga Precosa 44
Senga Precosana 44
Senga Sengana 44, 45
Sevegård 114
Shaffer's Colossal 56, 75
Shannon 139
Sibirische Himbeere 56
Silvergieters 117
Small Hairy Green 131
Sommerhimbeere 59, 60, 63
Spadeka 21, 50
Späte aus Leopoldshall 25
Sphaerotheca mors-uvae 126
Spinefree 130
Stachelbeermehltau 126
Sucré de Metz 71
Surpasse Merveille 71
Surprise d'Automne 71
Talisman 42
Taubeere 79, 82
Taylor's Prolific 88
Taylors Fruchtbare 80, 88
Theodor Reimers 80, 82, 89
Thornfree 89
Thornless Evergreen 80, 85
Thumper 138
Thurgauer Dauerernte 41
Titania 117
Tomatenerdbeere 39
Verbesserte Ambition 68
Verbesserte Rügen 31
Vicomtesse Héricart de Thury 45
Vielblütige Johannisbeere ...99, 103, 107
Viktoria 104
Wädenswil 6 45
Wädenswiler 46
Walderdbeere ...10, 13, 14, 20, 24, 25, 31
Waldhimbeere 52, 57
wälischen Ribisel 105
Walluf 37
Weiche Brombeere 82
Weisse Ananas 46
Weisse aus Jüterbog 111
Weisse Baron Solemacher 31
Weisse Holländische 111
Weisse Kaiserliche 111
Weisse Langtraubige 112
Weisse Solemacher 31
Weisse Triumph 126
Weisse Triumphbeere 139
Weisse Versailler 112
Weisse Volltragende 139
Weisse von Orleans 32
Weisse Werdersche 111
Weissstieler 105
Whinham's Industry 137
White Pine 46
Whitesmith 139
Wiesenerdbeere 50
Wilkran 68
Willamette 66
Wilson's Early 90
Wilsons Frühe 80, 90
Winklers Sämling 67
Winters Brombeere 82
Witte van Huismann 106
Wunder der Vierjahreszeiten 70
Wunder von Bex 39
Wunder von Köthen 47, 148
Yellow Lion 131
Zefa 1 68
Zefa 2 68
Zefa 3 72
Zefa Herbsternte 72
Zweifarbige Brombeere 82

Verdankungen

Unser Dank geht an:

Familie Lehnert-Hauenstein, Rombach (Schweiz)
Reto Meng, Rafz (Schweiz)
Henry Müller, Winterthur (Schweiz)
Valentin Müller, Beggingen (Schweiz)
Reto Neuweiler, Rudolfingen (Schweiz)
Rosemarie Radovic, Binningen (Schweiz)
Familie Christoph Scheuermann, Stetten (Schweiz)
Daniela Schlettwein-Gsell, Basel (Schweiz)
Hansueli Seckinger, Riehen (Schweiz)
Lothar Wurm, BA und HBLA -Klosterneuburg (Österreich)
Rudolf Novak, St. Andrä (Österreich)

... sowie an die zahlreichen nicht namentlich genannten Pflanzenfreundinnen und -freunde, die alte Beerensorten über Generationen in ihren Gärten erhalten haben.

Die ProSpecieRara-Sammlungen werden unterstützt von:

Bundesamt für Landwirtschaft, Bern (Schweiz)
Margarethe-und-Rudolf-Gsell-Stiftung, Riehen (Schweiz)

Der Aufbau der Arche-Noah-Beerensammlung wurde unterstützt von:

Leader Kamptal und der EU

Das Sortenmaterial entstand teilweise im Austausch mit europäischen Sammlungen:

Privatsammlung Rein Baars, Nieuwegein (Niederlande)
Privatsammlung Francesco Casalini, Bozzola (Italien)
'Proef' tuin Collection, Zomergem (Belgien)
IPK, Dresden-Pillnitz (Deutschland)
National Fruit Collections, Faversham (Grossbritannien)
Bundessortenamt, Prüfstelle Wurzen, Wurzen (Deutschland)
The Royal Veterinary and Agricultural University, Taastrup (Dänemark)